万川
reflections

一步万里阔

像科学家一样思考

[美]斯坦利·莱斯——著
by Stanley A. Rice
李延辉——译

How to Liberate Your Mind,
Solve the World's Problems,
and Embrace the Beauty of Science

—

Scientifically Thinking

中国工人出版社

致 谢

本书中有许多概念直接或间接地融入课堂学习活动，但本书并没有足够篇幅讨论这些活动。教育者可以登录作者的网站 http://www.stanleyrice.com，找到以本书章节为基础的学习活动，以及适合课堂讨论的照片选集。有些本书不足以容纳的章节也可以在这个网站找到。这些资源都可以免费使用。

我想感谢经纪人丽塔·罗森克兰茨（Rita Rosenkranz）和编辑斯蒂芬·米歇尔（Steven L. Mitchell）。我也要感谢过去 15 年来，杜兰（Durant）的东南俄克拉何马州立大学（Southeastern Oklahoma State University）参与我研究方法课的研究生，他们参与了本书好几个主题的有趣讨论。

我也希望向许多科学家及科学教育者同侪致谢，他们帮助我在过去 40 年发展出科学性思考的技巧。他们并没有直接告诉我他们认知的事实为何，而是协助我自己去思考，有时候也会让我在真正成功之前犯错。感谢的名单说也说不完，但我特别想感谢爱德华·多尔（R. Edward Dole），他是伊利诺伊大学香槟校区（University of Illinois at Urbana-Champaign）的讲师，他念研究生时督导我对植物实验室的管理。

我也想感谢李·莱斯（Lee Rice）和本杰明·简奈泰（Benjamin Gennetay）替我更新我的网站。

目　录

前　言　我们需要科学，而且马上就要

人类有充分理由对自己的大脑感到自豪，没有其他物种拥有像我们一样大的头脑和如此高深的智慧。但这里有一个大问题，就是大脑会进化。我们最有成就的祖先的大脑不一定是明白真理的大脑，但一定是能让其拥有者在为生存而战时占上风的大脑。因此，我们的大脑并不会进化成根据理性去推断，而是将判断合理化；不会进化成看见事实，而是创造事实。我们的大脑会受到偏见和错觉的玩弄。我们则利用大脑操纵其他人，并欺骗自己。[1] 我们往往只看到自己想看到的事物，而不是真正存在的事物。每个人都是这样。

错觉和偏见并不一定是坏事，它们可以简单又有用。如果没有这些错觉和偏见，我们的大脑可能承受不住这世界的错综复杂。错觉和偏见让大脑得以快速做出决定，如此一来，我们就可以在突然出现的威胁中生存下来，或者抓住转瞬即逝的机会，毕竟掠夺者或敌人进行攻击时并不是理性思考的最佳时机。我们的人猿大脑大致上极为成功，因为它们可以善用现实，但又不受限其中。

存有偏见且受到蒙骗的大脑在过去对我们发挥了足够的功能，只要我们能在进化的游戏中取得成功，就不需要了解真相。但到了今天，偏见和错觉让我们面临全球灾难的危机，我们被淹没在无穷无尽的信息中。我们并不需要更多信息，而是需要新的思维方式，将我们的思想从偏见和错觉中解放出来。

存有偏见的大脑制造出的某些错误只影响了我们个人，对于相关性与因果关系混淆，会让我们把时间和金钱浪费在健康潮流之中，而这些都是错觉。但我们集体制造出的其他错误可能危害整个世界，人类即是自身成功的受害者，现在我们已经透支了地球。每一个自然栖息地，甚至是那些我们保留为公园和保护区的地方，都因为我们的出现和经济、政治活动而有所变化。如今一个人、一家企业甚至一个国家造成的错误都可能影响整个世界，所有人、所有国家和所有经济体在今日都紧密相连，若有一群人像原始人一样莽撞行事，世界上其他许多人都会跟着遭殃。这种人可能是“大到不能倒”的企业，利用假消息提高利润；也可能本身是制造“假新闻”的政客，企图赢得选举。他们的影响都会遍及全世界。这世界有 75 亿人口，已容不下幻想存在。要是现在的大脑还像人猿一样，就再糟糕不过了。错觉和偏见在过去对我们有所助益，但今天则会让我们濒临灾难。

大脑误导我们的一个例子就是误以为大自然是无穷的宝库。认为世界够大，大到足以提供所有满足我们欲望的事物，而且能吸收我们所有的废弃物，这似乎是很自然的想法。或许在石器时代的确是这样，穴居人把骨头丢到外面——“外面”也就是营地之外——伟大的自然之口可以分解这些骨头。但现在全球人口超过 75 亿，每个人都一直在使用大量的原料和能源，并持续制造有毒的废弃物。这里已经没有“外面”这种地方可以安全弃置我们的废弃物了。

或许这种错觉最重要的例子就是全球气候变迁，我之后还会讨论这个议题。你看不到全球变暖，必须从其他证据推论出来。

你唯一可以看到的就是天气，但你看不到气候。气候是长期且大规模的天气平均值。正如马克·吐温曾说，你预期的是气候，但你得到的是天气。气候就是你在“平均年”预期见到的天气。但就像老农夫所说的，他已经耕种了40年，但只见过两次平均年。

我们只要按几下按键和鼠标，或者滑一下手机屏幕，几乎就可以得到所有问题的解答。你可能认为在手上掌握所有信息比较容易找到真相，但事实并非如此，这有几个原因。

拥有更多信息并无法更了解这个世界的原因之一在于，无论我们掌握多少信息，仍只能一次思考一件事。曾经我们似乎一度可以对人类大脑惊人的容量抱有希望，因为我们的大脑比任何计算机都要复杂。2013年时，由8.3万台处理器组成的超级计算机耗费了40分钟，才能模拟一般人类大脑可以在一秒内完成的事。[2] 但我们每个人仍然一次只能想一件事。赫尔曼·梅尔维尔（Herman Melville）在1851年时写道：“只要一个人的眼睛在光亮中睁开，就会不由自主地观看；也就是说，它必然会机械式地看到在眼前的任何物体。尽管如此，经验会告诉他，虽然他可以一览无余，但他几乎不可能同时专注、全心全意地审视任何两样东西。为了看到其中一样，将它记在心里，另一样东西势必完全被排除在当时的意识之外。”[3] 这个时候大脑会下意识地做很多事：脑干会控制体温、心跳和呼吸，小脑让你不会跌下此刻可能坐在上面的椅子。但你的意识心理一次只能注意一样东西，和克罗马农（Cro-Magnon）的狩猎采集者相比毫无差别。你可能会说，这样来看，过去2万年的变化并不大。

上面已经解释过更多知识并不会更增进了解的原因，人类心灵并不会寻求资料的真实，而是会将其合理化——无论资料本身数量多寡。当我们的大脑满载信息时，最容易做的就是只注意符合本身信念的信息。我们的手上有诸多信息可以让自己解放，免受过往偏见之苦，但我们反而选择性利用这些信息以强化我们的偏见。我们获得更多信息的同时反而更容易犯错，实在有违常理。

此外，我们不但利用大脑欺骗他人，也用来欺骗自己。罗伯特·特里弗斯（Robert Trivers）就曾解释，我们的大脑撷取真实资料，改变我们的认知，造成自我欺骗。[4]从负面来说，真心相信我们宣称为真的虚假事物，我们就变成更令人信服的骗子；从不那么负面的角度来说，真心相信虚假的事物，尽管前途黯淡，我们还是可以骗自己开心。不管是哪种情况，在进化的斗争中，相信虚假事物有时会让我们更成功。而且我们必须真的相信，不能只是假装相信。我们的大脑进化并不只是要合理化，也是要相信合理化等于理性。我们的大脑就是幻想的竞技场。

我们并不需要更多关于这世界的信息。我们迫切需要的，是以某种方式逃脱进化的大脑所制造出的偏见和错觉。我们需要一些好消息，而且现在就要。

但的确有个好消息。这种思考方式早已存在，那就是科学方法。虽然科学以现代形式存在仅有几百年的历史，且这世界的大多数人也未加以善用，科学还是促成巨大突破，帮助我们了解世界。在短短几百年间，我们已经得以了解宇宙、地球以及我们自己，这是以前绝对做不到，也绝对难以想象的。

为了拯救自己和世界，我们都要成为科学家吗？这不可能发生，而且如果真的非得这样，我们就全都没希望了。幸运的是，你不需要当科学家，就可以使用科学方法。科学方法根据的是我们所有人自然而然产生的心理历程，大多数人都明白使用“排除法”只是“常识”。我们具有科学的本能，就像我们也会有偏见和错觉一样。科学的思考方式潜藏在我们心中，等待我们给它机会冒出头来。因此，这本书的第一个目的就是说服你，我们亟须以科学方式思考，不只科学家如此，每个人都必须这样。

有些人认为科学家已经发现了宇宙的秘密，但这种信念包含了两项暗中作乱、未说出口的信息。第一，科学家是一种不同的物种，是超级人类，他们的思想过程是非科学家难以企及的。第二，科学家希望所有人都认为他们很聪明，这样便没有人会质疑他们的话，这直接造成许多人对一般学者，特别是对科学家反感。举例来说，他们可能认为关于进化和全球变暖的事，科学家欺骗了所有人。这样的结果造成对科学证据普遍轻视的状况。[5]但大多数的科学家会邀请所有希望运用其先天性批判技巧的人检视证据，并自己得出结论。

这本书第二个目的是告诉你科学思考方式并不只是本能反应，也出乎意料的简单，是每个人都可以做到的事。科学思考基本上只是组织起来的常识。困难之处并不在科学本身，而在于排除我们的偏见和错觉。我是科学家，也是科学教育者，希望帮助你开始科学的旅程。

以下是可以运用科学方式思考的方法。第一，我们会创造一种和因果关系相关的说法，说明某种事物如何运作。我们称这样的说法为假设。第二，我们会搜集证据验证假设。证据必须是任何人（外部）都可以取得的事物，而不只是提出说法的人（内部）可以使用。证据让我们得以决定假设是真是假，或者我们还不知道答案。第三……

没有第三了，就这样。这就是科学。我们利用证据验证说法。如果假设经得起验证，就能够厘清许多原本可能混乱的事实。一项假设可以造成另一项假设，最后的结果则是整个假设的架构——此时可称之为“理论”。这不仅有助于理解一套事实，也能够认识整个世界。

但设想一下万一我们得出错误的结论怎么办。没有问题。由于证据来自外部，其他人可以提出更好的证据，并因此可能得出不同的结论。[6]相较之下，信仰就是一种内部的经验。许多人在欠缺外部证据的情况下紧抓着信仰不放，甚至在信仰与证据对立时仍是如此。但科学来自外部，科学属于大众。一人提出说法，其他人都可以验证。

的确，科学方法带来自由，但它通过约束你的心灵才让其得以自由。你的心灵可以自由漂浮，不受限制，穿过所有偏见和错觉的迷雾、急流与山川。为了让你的心灵寻找真相，你必须阻止它偏移到别的方向。想象一只公牛推着车穿过泥地，公牛可能往任何方向走，把车子留在泥地中，但牛轭会限制公牛的移动。科学就是牛轭，它让公牛（你的心灵）可以拉着知识的车子往前进，穿越困惑的泥地。

科学家的大脑就和其他人一样，受到偏见影响，也饱受错觉之苦。但我们已经发展出一套系统，让我们在大多数时候得以摆脱偏见和错觉。这本书大部分是在谈论人猿般的大脑可能造成的错误种类，以及科学方法可以怎么避免这些错误。甚至可以这样说，你不可能不带偏见测量事物。举例而言，你怎么知道测量方式有效？国内生产总值是测量国家财富的有效方式吗？即使简单到像准确测量身高或外面天气有多热，也可能是种挑战。偏见和错觉不只让你难以得到正确的结论，甚至还会扭曲测量本身的过程。你在测量时，甚至不能相信自己的理智！

我不只会解释这些挑战，还会提出一些重大研究的例子，解释科学家如何使用极具创意的方法，避免偏见和错觉。读完这些研究，你就绝对不会再相信科学是乏味的空谈，讲的都是陈词滥调的事实。只有自然世界本身巨大且惊人的创意才能超越科学创意。因为研究主题庞大，所以科学家的思考范畴也跟着扩大。

好消息不只如此。不仅任何普通人都可以加入科学思考的行列，而且每个普通人也从儿童时期就开始具备那样的能力。很小的婴儿会环顾四周观察所有事物，他们会先从附近的事物开始，例如将目光放在妈妈身上，之后才注意到远方的东西。婴儿也会受到尚未成形的偏见和错觉影响，但他们大多数时间都是将科学方法运用于理解世界上。如果我把碟子推到托盘边，会发生什么事呢？我要如何分辨哪些食物好吃、哪些难吃？我如果撞到墙会怎么样呢？我要是尖叫会怎么样呢？还有其他更多情况。小孩子不只会对房间、玩具好奇，也会对所谓自然世界里的事物感到好奇，包括树木、小鸟和岩石。长大一点之后，孩子才可能会发展出认为自然世界无聊的态度。那些从来没有发展出这种态度的孩子，长大后往往会成为科学家或科学老师。科学教育最大的挑战就是避免孩子一开始就觉得无聊。美国国家科学研究委员会（National Research Council）的报告《每个孩子都是科学家》（*Every Child a Scientist*）标题可能有点夸大，[7] 但与事实相去不远。科学是一趟创意的冒险，和创意写作等其他种类的人类思想并不全然壁垒分明。

你可以阅读科学书籍，也可以参加热心专业人士或业余科学家带领的实地考察，从中获得一些乐趣。你甚至可以加入全球或世界公民科学家的网络，成为业余的科学家。公民科学家会搜集资料，传送到大型的在线数据库。资料内容从赏鸟、人类老龄化到光污染、人类性欲，应有尽有。阅读科学可能很好玩，但动手做科学更是乐趣无穷。而且你并不需要成为认证过的科学家才能替全世界为理解而进行的科学探索尽一己之力。你可以成为业余的科学家。人们常用轻视的态度使用“业余”（amateur）这个词，但这个英文单词来自拉丁文的“爱”。业余者是因为热爱某样事物而动手做，而不是因为这是他们的工作。

好消息还有更多。科学方法不只会引导我们的心灵在适当的限制下找到真理，科学方法也是以本能过程为基础，不仅如此，科学还会以几种方式带领我们走向美好的世界。你可以思考一下以下的例子：

首先，了解世界有其意义就有深刻的美感。卡尔·萨根（Carl Sagan）将对宇宙非科学的观点称为“妖魔出没的世界”，会随时因为神一时兴起发生任何事，但这世界并不是这样的。[8]

其次，知道我们有能力做某些事解决我们的问题本身也有美感。在我们知道细菌造成很多疾病之前，对这些病几乎束手无策。但现在我们在寨卡病毒首次出现几年内，就辨识出这种病毒，而且知道它的症状以及如何发病。这看起来不大妙，但我们的知识让我们至少有机会减缓病毒传播速度，并处理病毒造成的后果。

最后，科学让我们开始发现周遭的多样性。对从未研究过树的人来说，树就是树。但一旦你开始研究树，世界就会变得有趣许多，因为你会注意到有多少种树，而每一种在自然世界运作的方式都有一点不同。棉白杨长得快但枯死得早，橡树长得慢但枯死得晚。一旦你知道这一点，森林就不再只是背景，而是蕴含了一则有趣的故事。

我们的大脑进化出合理化事物的能力，但推论的能力是人猿般大脑合理化过程的组成成分之一。只要你掌握了这个简单的事实，就准备好开始以科学方式思考了。你也不必相信每个科学家所说的每一件事，把它们奉为真理。你可以将科学方法运用到万事万物上，然后得出自己的结论。这或许是人类心灵所能达到最令人振奋的自由。

科学方法是有组织的常识。这听起来够简单了，但之后又会变得复杂。为了验证假设，科学家有时必须进行一些荒谬但美好的实验，让你先笑，然后开始思考。有时要处理偏见和错觉的问题并不容易。科学家必须历经千辛万苦，花一大笔钱才能设计出避免偏见和错觉的实验，不仅实验者如此，实验对象也要避免。

· 偏见和错觉甚至会影响测量本身的过程：我们测量某种东西的准确程度如何？需要多大的样本？
· 我们的大脑往往会在自然向我们抛出曲线时看到直线。这对非线性的规模经济及界限值特别重要。甚至连进化的爆发和火星的死亡都是非线性的过程。
· 我们的大脑会将万物分类（通常只有两类），但在自然界，我们看到的大部分东西都会连续变异。
· 我们的大脑会将万物视为单纯的因果关系，但在自然界，果可能同时为因，而果也可能由好几个因造成。
· 我们的心灵有偏见的机制。也就是说，一有事情发生，一定是因为运用智慧刻意让它发生。因为我们有智慧，所以觉得智慧处处可见。但你如何分辨一种动物是否有智慧？
· 你可能非常善于测量，但万一测量结果未能代表足够数量的现实多样性样本，或者实际上测量的并不是你原先想的事物，这些测量结果就无效，还可能误导他人。
· 我们的大脑有一种确认偏见，实际上我们就利用这种偏见看到预期看到的事物，而非真正存在的事物。

科学能让我们免于犯错，这些错误连最优秀的人类大脑都可能会犯。但科学也会制造一些重要的伟大构想，转变我们对宇宙和对自身的整体看法。科学和宗教非常不同，宗教似乎是人类的本能。最后，既然科学家了解对这世界已知的知识（万事万物，从全球变暖到烟草的危害），就不能默不作声，让方式完全错误的人破坏这个美丽且就我们所知独特的世界。而这会带领我们通往一次美好的冒险。

加入我的行列，探索科学过程如何让我们免于错觉及偏见。

和我一起对那些科学家诸多创意方式大笑几声，他们找到了这些有创意的方法来验证假说。让我们一起看看科学的思考方式和我们一直知道且热爱的常识与创意并非截然不同。

SECTION 1

科学的冒险

科学是发现事物的冒险，而不是事实的堆砌。这种发现之旅和其他人类探索概念的方式差异不大，人类如果够幸运，就能理解事情。伪科学也可能假装是科学。然而，伪科学的目的不在发现，而在宣传；不在解放心灵，而在将其征服。

第一章　科学与如何辨识科学

科学是一种理解方式。关于宗教、传统、演绎哲学等相关问题，人类已经发展出许多回答的方式。科学是一种发现事物相对较新的方式，在文艺复兴时期即具备了现代的形式，[1]但其根源还可以往前追溯。11 世纪的法国神父皮特·阿伯拉尔（Peter Abélard）捍卫了质疑“真理”的权利，这些“真理”是从过去流传下来的。他说：“通过质疑我们才会探究，而通过探究我们才能找出真理。”（他因此惹上麻烦。）科学已经被证实是可以发现事物的非常有力、非常有效且非常有趣的方式，物理学家理查德·费曼（Richard Feynman）和生物学家理查德·道金斯（Richard Dawkins）就解释了这一点。[2]

就像前言提到的，**假设**是关于因果关系的说法，是事物运作方式的描述。科学并不只是验证所有假设。科学的假设必须具备以下特点：

- **具实体。**科学只研究根据自然定律而发生的事物，不研究奇迹。这并不是说奇迹绝对不会发生。有些科学家私下相信奇迹，但绝不会把奇迹放在他们的科学著作中。
- **可重复。**科学无法研究奇异性（只发生一次的过程，奇迹就是一个例子）。但科学可以探究一次性的事件，前提是事件要留下足够证据。科学家可以研究发生在6500万年前终结恐龙时代的小行星撞击。从那时起，就再也没发生过那么大规模的小行星撞击，但这是一个完全自然的过程，而且可能再度发生。

- **可测量**。一定有不只是检测研究对象的方法，如果有可能，应该也加以量化。科学家真的会设法将所有东西化为数字，但这只是用来分析。科学家解释及运用这些结果时，就会回到真实、人类的概念。
- **可反证**。任何科学的声明都必须能够反证。如果没有一组可以证明假设错误的观察记录存在，那这就不科学。

前三点将现实的限制加诸科学。科学或许会告诉我们，我们希望相信的事物实际上根本不可能。宗教才会相信不可能存在的事，但科学不会。

第四点特别重要。很多声称具有科学可信度的人和组织会拥护无法反证的假设。也就是说，无论出现什么数据，他们都有办法将数据并入他们的信仰系统，而不改变那些信仰。但科学家不应该这样。

卡尔·波普尔（Karl Popper）[3]或许是最知名的科学哲学家，他明白爱因斯坦的相对论可以反证，但西格蒙德·弗洛伊德（Sigmund Freud）的精神分析理论则无法反证。无论弗洛伊德观察什么，从雪茄到快乐，他都可以找到方法以精神分析"解释"。我们不可能确定人类大脑里出现的哪样东西会让弗洛伊德说："嗯，我猜我错了。"但爱因斯坦的理论可以付诸验证。1919年，亚瑟·爱丁顿（Sir Arthur Eddington）就这么做了。他在一次日全食时，验证太阳的重力会弯曲来自星星的光线。事实上，这种星光的"引力透镜效应"现在仍用于决定遥远星球的质量。[4]这种弯曲现象要是没有出现，至少就当时存在的形式而言，爱因斯坦的理论会受到怀疑。若是这样，爱因斯坦可以重新再来，弗洛伊德则没有办法。

对可反证性的同样无视，似乎是那些拒绝对全球变暖达成共识的少数科学家的主张基础。大多数的气候科学家及一般科学家都接受人类活动（包括释放二氧化碳及甲烷气体至空气中、破坏森林及大草原以及这些活动的间接影响）在过去 150 年间造成地球变暖的假设，且影响更甚如日照强度或来自火山烟尘与气体变化的自然过程。2017 年，美国政府问责局估计在过去 10 年，极端天气及火灾已造成联邦政府 3500 亿美元的损失，而全球变暖会在不久的将来让问题雪上加霜。要注意，这只是联邦政府承受的损失，并不包括州政府与地方政府、企业或个人的损失。[5] 信用机构如穆迪投资者服务公司（Moody's Investor's Service）已开始准备将全球气候变迁列入评估美国各市信用等级的考虑因素。如果一个城市欠缺面对全球变暖的计划，信用等级可能会降低。[6] 对立假设则指出全球变暖大部分是自然过程而非人类活动所致。美国全球气候变迁计划是一项合作研究计划，成员有 13 个联邦机构，经 1990 年的全球变迁研究法授权。该计划已提出一系列详细的报告，计算发生多少全球变暖的现象、人类活动的过程有多少造成变暖以及多少全球变暖是在未出现人类活动的过程时发生的。这个工作小组科学家的结论是，事实上，自然过程会造成全球变暖，但人类活动过程的影响超过 10 倍。[7]

但证据再多似乎也满足不了“否定主义者”或“气候变迁否定者”。对他们而言，似乎只要存在任何关于测量结果疑虑的可能（任何测量结果一定有疑虑），我们就必须认定人类并未造成全球变暖。无论气候学家提出什么证据，对否定者来说永远不够好。气候变迁否定者可能具有科学精神，但因为他们的假设无法反证，所以并不是真正的科学。

科学假设来自何处

科学调查的第一步就是产生假设。以下是一个例子。我是一名植物学家，有一次我设计了一个班级专题，测试和植物成长方式相关的假设。我的假设是，植物根部在养分多的土壤中比在养分少的土壤中更容易快速生长。你可以把我的假设想成一则故事：根接触到肥沃的土壤就会分出去，形成一个网络吸收养分，但要是它们接触到贫瘠的土壤，就会竖直往下长，穿过土壤，增加找到深处肥沃土壤的机会。

大脑会产生本身最了解事物的相关假设。你对一样东西越了解，越可能产生值得探究的假设。假如你从没有挖土看看根的样子，你怎么会产生关于根部生长的假设呢？

但产生假设的举动并不完全必须是有意识的。有时候假设只是直觉，从潜意识中冒出来。我们的潜意识会计算、估计，然后向意识提出发现结果的计划摘要，而我们的意识可能并没有察觉到曾经进行过任何计算或估计。我们的潜意识会形成假设，然后加以验证，但方式并没有像我们的意识那样井井有条。也就是说，我们的潜意识并不只是原始的动物情绪聚集之处。潜意识常常运用科学探究的原始形式，而我们的意识只能看到冰山的一角。

其中一个例子就是我发现的一种药用活性植物萃取物，表面上这好像是偶然的发现。我研究一种稀有树种，从几根嫩枝中萃取出东西，然后发现萃取物会杀死金黄色葡萄球菌。我完全没有理由相信那种萃取物有这样的功效。事实上，我用萃取物对抗其他种类的细菌并没有效果，但这不完全是猜测而已。我知道许多药用化合物原本来自植物，有些的确是“偶然”发现。[8]因此，我的发现并非表面看起来那样完全是靠运气的。

有时候，假设来自做梦，但这种情况很少见。化学家奥古斯特·凯库勒（August Kekulé）真的凭空想出苯分子的结构。他梦到一条蛇咬自己的尾巴，结果变成一种环状物。假如他没有接受过化学的训练，这个梦就不会发挥作用。但对他而言，这个梦提出了一个假设，也就是苯分子的核心是碳原子的环。无论是直觉或是做梦，潜意识都可能提出假设。

假设一产生，科学家就会设法将各种可能性纳入考虑。当然，这是不可能的任务。包括科学家在内，没有任何人可以确定是否已考虑所有可能性。那就是夏洛克·福尔摩斯犯错的地方。他说竞争性假设一旦排除，剩下的假设无论听起来多难以置信，一定为真。现代科学家知识更广博，不会相信这种说法，因为几乎可以肯定宇宙中必然存在替代的假设（alternate hypotheses），只是我们还没想到而已。一定会有“未知的未知”。科学家或任何人都不能说：“我已经检验过所有可能性。”或许这就是为什么进化的科学直到几百年前才出现。科学家了解遗传学及自然选择发生下的物种总数之前，没有人会想到有进化的可能性。只有到那时候，才有可能想到进化的假设并验证。

现实的简化模型

这个世界太复杂，我们无法注意到发生的每件事。我们必须利用假设，也就是现实的简化模型。科学研究经过精心规划，将科学家正在研究的过程独立出来，并排除其他所有事物。这样做并不容易，事实上，这或许是科学研究最困难的部分。

让我举个简单的例子。有一种野花，只会存活一年，而且从种子才能繁殖出来。这种花在我住的干燥橡木林中很稀有，但土壤里充满了这种花的种子。结果发生了一场大火，烧光了整片森林。第二年春天，野花的种子发芽，花开得很茂盛，整片土地上都覆盖着惊人的紫色花朵。那场火显然有什么因素造成种子发芽。林地是非常复杂的地方，火灾也很复杂。火灾之后发芽的种子在发生火灾时暴露在热气和烟雾中，而在火灾过后的季节，种子接触到较明亮的光（因为大型植物被烧光），并从灰烬中吸取大量养分。将大火所有错综复杂的状态纳入实验中完全无益于理解何种因素促成种子发芽。我和我的研究助理反而需要简化的实验。我们的假设是烟雾里的化学物质促成种子发芽。

验证假设

科学家一旦提出假设，便必须加以验证。验证假设而非接受一般看法的概念为科学的特点，至少可追溯至弗朗西斯·培根（Francis Bacon）的《新工具》（*Novum Organum*）。[9]

为了验证假设，必须找到比较对象。也就是说，你必须知道万一假设并非为真，测量结果会是什么样。你的**虚无假设**（又译零假设，null hypothesis）说明了万一主要假设错误时你预见的结果［“零”（Null）代表没有］。

有时科学家会进行实验以验证假设。在实验中，科学家实际上会控制各种条件，而这有助于尽可能消除其他外部因素。**实验组**根据的是假设，[10] **对照组**的基础则是虚无假设。

为了验证前述根生长的假设，我让学生在玻璃管内栽种几株向日葵的幼苗，上面铺了数层肥沃和贫瘠的土壤。我们观察（并测量）根部穿过土壤层时从外部可看到的生长。只要根部生长到每根玻璃管的底部，我们就能比较肥沃土壤与贫瘠土壤中根生长的数量。肥沃的土壤层是实验组，贫瘠的就是对照组。我们也使用只盛放肥沃土壤或贫瘠土壤的玻璃管，用来比较我们的结果。我们发现，根部在肥沃土壤中会比在贫瘠土壤中生长得更多。

学生可以透过玻璃观看并测量根生长。在一些玻璃管柱中，幼苗会先接触到一层厚厚的壤土，而在其他管柱中，则会先接触到一层厚厚的珍珠岩，以此修正了“顺序效应”（参见第十二章）。

在“顺序效应”中，初次的接触具有决定性。即使最上层是珍珠岩，还是有必要铺上**薄薄**一层壤土。壤土包含了抑制真菌生长的微生物。如果没有这些微生物，真菌会摧毁纯粹长在珍珠岩上的幼苗。对照组是纯粹的壤土或纯粹的珍珠岩。这项实验使用了豆子，其根部在壤土和珍珠岩上生长情况并无区别。利用向日葵重复进行实验时，根部在壤土中比在珍珠岩中生长更多。

为了验证“烟与种子发芽”的假设，我们将种子放在湿润的纸上，置于透明的小培养皿中，再放在灯光下。[11] 总共使用了约 20 个培养皿，其中半数装了白开水，另外一半则装了注入烟的水。装白开水的培养皿是对照组，注入含烟的水的培养皿则是实验组。我们发现白开水中的种子并未发芽。也就是说，光和水并不足以促成种子发芽。但许多在含烟的水中的种子发芽了，显示出烟雾会促成发芽。（我们每个实验组可以仅使用一个培养皿，但科学家必然会一再重复实验，因为你永远不知道每个培养皿会发生什么——真菌可能开始生长于其中，或者盖子可能被碰落，谁知道呢？我们在每一个培养皿中放了约 25 颗种子。）这些培养皿是森林大火的复杂现实中极为简化的子集合。

我们实验唯一困难的部分就是将烟注入水中。有些科学家利用专门仪器进行，如泵、试管及玻璃管。但我们使用了一个水烟管。我们烧了碗里的橡木，然后使用吸鼻器从储水器汲取烟雾。我们没有一口一口地抽烟，因为抽烟要花 3 小时，谁想花 3 小时抽橡木？大多数使用这种管子来抽烟草或其他东西的人是要吸烟，但我们要的是水。3 小时后，水成了混浊的琥珀色。除了我们实验室里已经有的培养皿，我们的实验不花一分钱，因为我的助理本来就有水烟管。我从没问她平常用来做什么，但我只会说，她的亲戚住在俄克拉何马东部乡村的森林中。

如果假设证实是正确的，那就太棒了，科学家可以就此写篇论文（我们这样做了）。但如果假设证实是错误的（虚无假设才是正确的），科学家就必须修正假设，重新试一次。

就某方面而言，科学是一种排除的过程。你验证一个又一个假设，直到你找到有用的那个为止。不只科学家会这样做。让我举个例子。你听过“车迷天下”（Car Talk）吗？那是一个广播节目，听众可以打电话来询问和他们汽车有关的问题。主持人汤姆·马格里奥奇（Tom Magliozzi）和雷·马格里奥奇（Ray Magliozzi）很有趣，但他们也随时在运用科学的方法。要是有人称他们为科学家，他们可能会大笑，但他们的确是。让我用汽车的例子来解释科学过程。

假设你车上的汽油灯亮了。你可能会一时惊慌，但很快你的大脑（没错，你的大脑）会转换至科学的思考模式。你的第一个想法（假设）可能是汽油不够了，然后你会验证这个假设。接着你会用量油尺检查油位。如果油位过低，你就会去加油。但假设油位并没有过低，你的下一个想法（假设）可能是油泵坏了，就会找汽车技工检查油泵。假如那就是问题，你只需要换新的油泵。但假设油泵没坏，或许你的下一个想法（假设）是滤清器堵住了，所以你会找汽车技工检查滤清器。但如果那不是问题，或许是油量传感器故障了。你会一个接一个地排除可能性。

你必须确保正确地做了验证或实验。举例来说，你必须关掉引擎，把量油尺擦干净，然后重新插入。

我刚刚描述的就是科学方法。有一项必须解释的观察，你提出一个假设，然后验证，可能最后你会验证一连串假设。到头来，除非问题变得太复杂，你觉得不值得浪费时间、金钱解决，否则你一定会得到答案。这是常识，排除的过程就是科学。

就像我在前言里所说，没有单一一组构成科学方法的步骤。我说过有两个步骤：提出假设，然后验证。但我们可以扩充这两个步骤。以下是我稍微延伸的基本要素：这一章已经描述了前三部分，剩下四个部分就是这本书接下来的重要内容。

· 确定一个假设。

· 再确定一个虚无假设。

· 设计一个验证假设的方法，排除外部因素。

· 花很多时间思考我们可能犯错的各种方式，这样我们就可以在进行研究之前预防这些事情发生，而不是事后设法找到哪里出了问题。

· 进行研究并搜集数据。

· 针对结果进行统计分析。

· 最后得出结论。

科学家需要假设不只是为了得出结论，也是为了从事任何科学工作。没有假设引导我们，科学家就会在充满刺激迷人数据的世界里东奔西跑，就像一只待在充满新奇事物房间中的小狗。

有时候很难决定两个竞争性的假设哪一个是虚无假设。举例来说，你可以思考一下在农业中使用除草剂的争议，尤其是草甘膦这种孟山都除草剂中的活性化学物质。你不知道有争议？这是因为在美国争议并不大。这里假设草甘膦绝对不安全（也就是说会对人类或动物健康造成副作用），否则我们应该接受草甘膦安全的虚无假设。因此，证明的重担就落在声称它不安全的人身上。但对许多欧洲的科学家及公民来说，两个假设是颠倒的。这里假设孟山都必须证明草甘膦毫无疑问是安全的，否则我们应该接受草甘膦不安全的虚无假设。这时证明的重担就落在孟山都头上。[12]

在前面提到的部分，我已经假设虚无结果（“这没有用”）是不好的。但实际上，如同斯图尔特 · 法尔斯坦（Stuart Firestein）在《失败：科学的成功之道》（*Failure: Why Science Is So Successful*）

解释的，虚无结果很重要。[13]科学家很少报告假设失败的实验。但法尔斯坦声称，科学家应该这样做，因为其他科学家应该知道哪些假设已经失败，就不会重蹈覆辙，或者可以改进之前科学家使用的技术。法尔斯坦思考着建立虚无结果的在线资料交换中心，供科学家查询的可能性。当然，虚无结果的叙述并不像确证假设的结果一样有力。读一则虚无结果就像读派瑞·梅森（Perry Mason）探案一样，英雄般的律师不仅犯下错误，谋杀案也从来没有水落石出过。

因此，科学其实就是**有组织的常识**，杰出的科学家、达尔文的友人汤姆斯·亨利·赫胥黎（Thomas Henry Huxley）早在150年前就这么说。但科学常识和一般常识不同，因为科学家以训练有素的方式，运用了假设与验证的方法。对许多人来说，光能想到假设就够好了。但对科学家而言，假设并不是终点，而是起点。科学家接受假设之前，必须先行验证。

如果科学只是有组织的常识，可能会有人认为科学一定是非常简单的过程。只要验证创造出的假设并从中得出结论。但人类心灵无法客观看待世界，人类心灵会受到错觉、有时候是幻想的玩弄。这样一来，科学家的心灵就和其他人没有两样。科学家的工作很大一部分是试图找出偏见及错觉，并加以修正。如果真要说的话，这会比其他科学上的努力耗费更多的时间、精力及资源。那就是本书下一个部分要讨论的内容。

自己动手做

想一件你相信的事，而且至少部分有科学资料的根据。把它变成一个假设，同时确认一个虚无假设。尝试让你的假设可以反证。也就是说，你的观察结果有哪些可能显示出你相信的事物是错误的？

第二章

科学和小说：有组织的常识和有组织的创意

科学的思考方法并不是专属于科学家。就像我在上一章解释的，汽车技工也会运用科学方法。但让我再告诉你另一个例子：写小说的过程也类似于科学的过程。我是科学家、科学作家，也是小说家。我不是小说专家，但至少我知道莫马迪（F. Scott Momaday）和菲茨杰拉德（N. Scott Fitzgerald）之间的区别。同时作为科学家及小说家的斯诺（C. P. Snow）曾问，有什么会比科学和艺术之间差距更大？[1]但两者之间的差距并不如你想的那样大。

一些经典的例子

科学性的思考是人类最强烈渴望之一——解答谜题的渴望——的专业与纯粹的形态。推理小说的存在就是因为这股渴望。福尔摩斯因运用科学方法解开犯罪案件而闻名，但他并不是始祖。

根据作者不详的圣经故事“彼勒和大龙”（Bel and the Dragon），一位名叫但以理的犹太英雄在波斯王的宫廷上公然反抗异教教士。但以理拒绝崇拜异教的神彼勒或向其献祭，被征服的以色列人都奉命要崇拜彼勒。教士背后有国王的权威撑腰，闪闪发亮的金坛让信徒心生敬畏。权威和敬畏之心就成了教士要求信徒信奉的基础，但他们也声称握有证据证明彼勒是伟大的神。证据就是每天晚上，他们会在祭坛上放面包、肉和酒，第二天早上，食物就不见了，这证明彼勒吃了这些东西。他们说，就算没有看到或听到彼勒又有什么关系？彼勒会吃东西，这不就能证明他是真实的？

不过，但以理不相信。他不相信地方的神会因为刚吃下肚子的东西心情好或不好，但他相信存在一个伟大的上帝，掌管了天堂和人间。因此，他用科学试验向教士挑战，他希望他们证明彼勒的确吃了放在祭坛上的食物。国王也对这件事很有兴趣。试验的赌注很大，但以理说如果彼勒吃了食物，他就接受处决，但如果彼勒没有吃，那些教士就应该接受处决。国王和教士都同意了这项挑战。

教士准备了食物放在祭坛上，然后锁上通往圣堂的门，再用国王的印信封门。但就在他们都离开圣所之前，但以理在地板四周撒了一些面粉。

第二天早上，国王发现印信完好如初，于是他、但以理还有教士便进入圣所。食物不见了！那些教士已经准备好庆祝他们的胜利和但以理的死亡。但是但以理要他们等一等，他问他们是不是在地板上看见他看到的东西，他指向留在面粉上的脚印。脚印通往一道暗门，教士就是通过这扇门进入圣所，拿了食物自己吃掉，但在黑暗中他们没看到面粉。于是国王下令立刻处决那些教士，但以理则变成政府的重要官员。

这则古代的故事描述了科学假设间的原始较量。教士把前门锁起来封住，借此验证“彼勒吃了食物”的假设。但是但以理把面粉放在地板上，以验证“教士吃了食物”的假设。

另一个科学出现在文学中的例子是莎士比亚的《哈姆雷特》

（*Hamlet*）。哈姆雷特的父亲、也就是先前的国王的鬼魂，于夜晚在阴暗的城堡塔楼向年轻的王子现身。鬼魂告诉王子，当前在位的国王把毒药灌进自己的耳朵，谋杀了他，这类似一部叫《谋杀贡札果》（*Murder of Gonzago*）的剧。鬼魂要求哈姆雷特复仇。哈姆雷特发现自己处于认识论的两难局面。他要怎么说服任何人，甚至他自己，他看到自己父亲的鬼魂，而这不只是幻觉而已？他需要外部证据。但要怎么从已经腐烂的尸体找出下毒的证据（在化学出现之前的年代）？

后来有一天，一个四处游历的剧团途经城堡后停留下来。年轻的科学家王子闪过一个绝妙的念头，他要那群演员演出《谋杀贡札果》。哈姆雷特要观察国王，看谋杀场景是否会激起他任何反应。假如国王毫无反应，他可能就是清白的，而鬼魂只是幻觉；但要是国王感到自责，他可能就会表现出某些反应。哈姆雷特观察国王的方式就像警察审讯时观察嫌犯一样，都要找出犯罪反应的证据。如同哈姆雷特所说的："演戏是我刺探国王良知的手段。"事实上，国王的确有反应，而哈姆雷特的结论就是他的确见到父亲的鬼魂。接下来就是复杂的故事了。

现实的简化模型

对博士和艺术创作硕士来说，说科学和小说相似可能听起来会很荒谬。有些科学家会以"好吧，如果你喜欢小说的话"来打发同侪的推测，还扬扬得意地认为这是最严重的贬低。他们可能把写创意小说的作家们想成像孩子般在胡搞瞎搞，不受现实的成人世界束缚。就他们来看，许多创意作家实际上忽视了科学，认为科学是人类经验死板而没有灵魂的模式。我已经数不清我读的故事里有多少个基本的科学错误。我读过两个小说家的作品，他们都认为声音的速度比光快。但有些人跨足两个领域，包括乔治·盖洛德·辛普森（George Gaylord Simpson）及爱德华·威尔逊（Edward O. Wilson），这两位科学家都写了小说。[2] 另外，约翰·厄普代克（John Updike）这位小说家对科学颇为热衷。[3] 同时探索科学和文学世界的重要例子还有艾伦·莱特曼（Alan Lightman），他对物理学有着卓越的贡献，除了写出许多精彩的短篇故事外，还写了《幽魂》（*Ghost*）和《g 先生》（*Mr. g*）等重要的小说。[4] 虽然莱特曼的小说包含许多科学题材，但他的短篇故事却没有。两位最知名的科学作家卡尔·齐默（Carl Zimmer）和大卫·奎曼（David Quammen），是在小说的世界开始他们的写作事业，而非科学的世界。或许这就是为什么他们那么擅长在科学中找到叙事结构。

思考一下科学家和作家都必须做的事。他们都必须解释东西。为了这么做，他们必须提出假设（通常在小说中并未明说），来创造现实的简化模型，然后加以验证。

小说中的假设来自哪里？就像科学一样，小说的假设来自你自己体验过的事物、你去过的地方，还有你了解的东西。身为当地居民，我很容易就可以辨识出一个背景在俄克拉何马的故事，是由一个没有在那里住过的作者所写。这就是为什么无论是科学家或小说家，制造假设的人都必须站起来走到外面，体验这个世界。

小说也使用了现实的简化模型。现实生活中发生了非常多的事，且非常多的事也都是毫无预警就发生了。但在小说中，发生的任何事都必须推动情节，而且一定会预示后来发生的事。真实世界中，有时候事情发生的原因并不明显。但在小说中，这就代表失败。科学也一样。宇宙由各种粗糙和湿软的成分组成，非常复杂。科学研究不只记录下发生的事，也会说“你瞧发生了什么事”。科学创造了现实的模型，从中可以了解自然运作的过程。

我们进行并阅读科学研究，书写并阅读小说，才能更了解这个世界。这只能通过精简后的现实模型才能达成，这样才能了解模型内的运作机制。一个故事必须是容易了解的现实模型，而不只是一堆现实的堆砌。它必须是聚焦的现实**折射**，而非**反射**。高举镜子朝向自然并不是科学家或小说家的所作所为。他们会拿透镜朝向现实之光，将光束分裂成各个彩色的成分来分析，并聚集光束以彻底了解。

小说家也会验证假设。他可能会创造一个角色，然后进行模拟，去看这个角色会如何应对生命中的各种状况。作家**用角色做实验**，只是这实验发生在作家的脑海中。科学家和作家的实验都必须通过现实的验证：我关于根部的假设必须准确预测实际的根会如何生长，而作家的角色必须依照他们在真实世界中会有的举止行事，无论是我们目前所处的世界或像中土（Middle Earth）那样的不同世界。小说中并不是什么事都会发生，就像科学一样。我提过一些我做过的失败假设，也说过一些我写过的失败的角色和情节，“这是行不通的”。即使故事发生在遥远银河系的星球上，还是必须“行得通”。

斯蒂芬·金的《头号书迷》（*Misery*）这部小说中，一位知名作家在乡村遭到一名精神错乱的护士挟持。[5] 那名护士不喜欢作家让他的主角在上一部小说结尾死掉的方式，所以用自己的方式让作家写一本新书去解决这个问题。因此作家做的第一件事就是写一本新书，假装主角根本没死。护士勃然大怒。她说这不公平，作家必须将新的情节融入之前的情节中。作家无法自由捏造他想写的东西，他必须让故事**行得通**。所以作家想出一个情节，主角陷入昏迷，而不是真的死掉了。作家的性命取决于新的情节成功与否。你不能只是在故事尾声利用完全没有预料到的力量或角色，拯救紊乱的情节。古代戏剧中，众神会拯救世人，古典学者称这个过程为**神仙搭救**（deus ex machina），神来自机械之外。欧里庇得斯（Euripides）大量地使用了这种方式，举例而言，他让赫拉克勒斯（Hercules）出现，在某个角色即将遭到杀害前拯救了她。很显然地，机械的确出现在故事中，因为意料之外的拯救者被吊车降临到舞台上。科学家强力反对“神仙搭救”的安排，程度更甚斯蒂芬·金小说里的护士。我们必须把解释置入一个连贯的因果关系网络中。

让我们思考一个可能在科学上永远没有办法验证的假设：生活在火星上的人类最后会进化，长出比较大的大脑。为了要验证这个假设，你必须让好几代人类生活在火星上。要建立这样人口样本量够大的殖民地花费高昂，光凭这一点，要让人类生活在火星上就算有可能，也不会很快实现。居住在上面的人需要类似地球的大气和温度环境，但火星殖民地重力会小很多。人类没有更大的头的其中一个原因，是因为我们的脖子无法支撑那么大的头。在地球是这样。但或许在火星，纤细的脖子就可以支撑大头。大头也会造成生产过程的问题，有大头的胎儿无法顺利穿过产道。但人类若能殖民火星也就能够让所有生产都使用剖腹。这个概念只能通过猜测来探究，[6] 而小说就正好完全适合这种调查。

小说可能也提供给我们和偏见、无效性相关的绝佳例子，并告诉我们如何避免。假如你想练习逻辑思考、找出无效的假设与偏见，看《派瑞·梅森》的重播几乎可以说是最好的选择。这个电视节目改编自厄尔·斯丹利·加德纳（Erle Stanley Gardner）的小说，从1957年播至1966年。梅森这个角色是个英雄般的辩护律师，由雷蒙德·布尔（Raymond Burr）饰演，许多大众认为科学方法最吸引人的部分都融入这个角色之中。他拥有超凡能力，能从证据中获得具有逻辑的结论。同时在他逻辑的表面之下，也充满对正义的热情。其他角色也充满热情，特别是威廉·塔尔曼（William Talman）饰演的洛杉矶地方检察官汉密尔顿·柏格（Hamilton Burger）。每一集中，柏格的热情很早就蠢蠢欲动，造成他很快下结论，并控告无辜的人犯有谋杀罪。梅森则将热情保留到后面，也就是仔细检查所有的对立假设**之后**。他制造这些对立假设时极具创意，有时到了令人难以置信的地步。最后，梅森常常会在法庭内建立实验，或至少模拟，而柏格总会谴责这是“法庭上的诡计”。但是这些实验使所有观众惊讶地发现，他们一直认为的假设是不可能的。他通常会在剧集45分钟左右将犯罪者逼至绝路，到这时他才会流露出热情。

每一集《派瑞·梅森》中，每个人都对一开始被控谋杀的人怀有偏见，这通常是因为被告是局外人，或是貌不惊人，或是比较穷，或是过去有犯罪记录。甚至连梅森一开始也常抱有偏见，但之后就会产生疑问。梅森像科学家一样，强迫自己检视其他的解释，这让他得以注意到其他人忽略的关键细节。某一集中，一个女人给梅森打电话说她被下毒，**然后挂断电话**。[7]大家对她外表较平凡的表妹，也就是被告抱有偏见，因此忽略了在下（非致命的）毒的场景中，电话筒还在地板上。当然，梅森除外。结果是那女人假装自己被下毒。另一个梅森避免偏见的例子是他对待贫穷的客户和富有的客户并没有分别。某一集中，他接了一个女性客户的案子，而拒绝了一名参议员。那名女性只能付他38分钱，但参议员则提出1万元的条件。[8]但我们也不能让假设限制了我们的视野。科学家就像小说家一样，必须敞开心胸接受惊奇。我们不能表现得好像无所不知。我的植物和我的小说情节都有惊人的事件转折。我们必须在能取得新信息时，愿意修正我们的假设。写小说时，作家可能会领悟到因情节所需，其中一个主要角色必须死，作家就得让这个角色死掉。在科学里，我们有时候必须放弃很重视的假设。

当然，最大的故事就是宇宙的历史。有些科学家，如乌苏拉·古迪纳夫（Ursula Goodenough）和我自己，都曾写了和这故事相关的书。[9]这些书都不出名，部分原因是我们人类对自己比对宇宙有兴趣得多。

的确，科学家通常很聪明。当科学家提出假设、设计实验及诠释结果时，必须在脑海中厘清许多事实。但其他很多人也是这样。技工必须在大脑里存放许多汽车相关的知识。科学和随意的想法间的不同并不在知识或细节的层面，而在验证假设的训练——这种训练在其他思考模式中多多少少也可以找到。

自己动手做

想一件你想知道的事，并且提出可能的，但（现实中）只能通过小说的方式验证的科学假设。

第三章 利用山做实验

科学家会以有创意的方式验证假设。但在自然世界中，很多事情会突然发生，可能会在验证假设时制造出混乱。因此，科学家希望除了他们探究的事物之外，尽可能在他们能控制所有因素的情况下进行实验。也就是说，科学家进行实验就像希区柯克（Alfred Hitchcock）使用室内场景一样。希区柯克无法控制室外的风，但在室内场景中可以用风扇制造出适当的风量。

当然，并不是随时都有可能进行实验。但科学家已经注入许多创意设计实验来验证假设。过去，唯有在从未受控制的自然世界中测量，才能探究这些假设。科学家并不是一开始就预设一个实验会过于庞大、昂贵或复杂。他们可能必须先得出这样的结论，但不应该一开始就这样预设。本章会解释科学家有时会展现出惊人甚至荒谬的创意，将未受控制的假设验证变成受控制的实验。科学家常在实验室做实验，因为这样比较容易调整各种条件，但很多实验会在室外进行——前提是要有对照组。

对照组

建立适当的对照组是科学实验最重要的部分。弗朗切斯科·雷迪（Francesco Redi）就因此在历史上记上一笔，成为科学实验的先驱之一。他的研究结果发表于1668年。虽然这对今天的我们来说可能很奇怪，但当时的人认为肉只要一腐烂，就会自然产生蛆。再者，似乎没有人知道蛆会变成苍蝇。雷迪假设蛆是幼蝇，从苍蝇在腐烂的肉里产的卵长出来。雷迪把肉放在玻璃烧杯中腐烂。他在一些烧杯上盖了网，防止苍蝇飞进来，但除此之外几乎没有改变烧杯内的任何条件。这些就是对照组（没有苍蝇）。敞口的烧杯会有苍蝇进入，这就是实验组。对照组烧杯里的肉会腐烂，但并没有制造出蛆。雷迪也捞出一些蛆，让它们长成苍蝇。有人会认为这实验对今日的科展作品来说太简化（也太恶心），但通过这项实验，雷迪发明了实验的技术，并推翻了有千年历史的理论（自然发生的理论）。几个世纪后，路易斯·巴斯德（Louis Pasteur）为他的实验建立了更精致的对照组，该实验证实微生物会造成腐化。他使用了一些玻璃烧杯当作对照组，注入培养液，但不含细菌，其中一个烧杯现在仍在博物馆里展示——而且里面的培养液仍未腐坏。

雷迪的对照组——盖了网的烧杯——必须和他实验组的烧杯尽量一致。举例来说，假如他把对照组的肉放在盖了网的烧杯里，但让实验组的肉放在盘子上，两者的条件就无法比较，如放在盘子上的肉至少到中途就会干掉。但在雷迪的实验中，实验组和对照组尽可能一致，除了网和苍蝇。

设计实验时，如果有对照组的话，对照组适当与否很重要。假设你想确定针灸是不是有效的治疗方式，你的对照组不能只是一个没有针灸过的人，然后拿他跟针灸过的人比。适当的对照组应该是一个人在身体随意部位针灸（当然要避开某些特别敏感的点），而不是在针灸师宣称重要的部位（穴道）针灸。完全未穿刺的对照组不会包括穿刺本身对皮肤、免疫系统等的影响。

在某些例子中，不可能建立对照组。我的一些研究涉及植物对光强度反应的生长模式。我的假设是在微弱的光下生长的植物和在明亮的光下生长的植物相比，会长出较大的叶子与较小的根。听起来够简单了。但对照组是什么？你可能会猜对照组可能是黑暗。但使用黑暗作为对照组会造成误导。在黑暗中，很多植物的生长会变异常：变成白色、没有叶子，而且细长（事实上，这些特性只有对地上生长的植物来说才算异常，对在地下生长的植物而言这很正常。这是自然中唯一一个地方种子可能接触到持续的黑暗时间）。因此，我没有使用实际的对照组，反而用了两个实验组：明亮的光和微弱的光。[1]

但即使是这样也有点复杂。要增加光强度而不同时改变其他的环境变量是不可能的。在明亮的光照射之下，树叶吸收了较多光，温度会比较高，而这种热有些会扩散到空气中，于是空气温度跟着升高。温度较高的空气会因此相对湿度较低，也就是比较干。所以只是增加光强度我就改变了三项环境变量，而不只是一项。“高光”植物也会感受到较高的温度和较干的空气。没有任何方法可以避开这个问题。你可以把冷空气通过高光植物生长箱打进去，冷却树叶。但如果你这么做，两个实验组的气温就会不同。我处理这个问题的方法就只是说明，在自然条件下，阳光的条件比较温暖，就像在这个实验中一样，所以不必担心。

荒谬的创意实验第一部分：蜘蛛

有时候你需要一些真正的创意来想出适当的对照组。在一项研究中，研究者发现蚱蜢一遇到蜘蛛，新陈代谢就会变化。[2] 当它们受到蜘蛛惊吓时，就会想（假如我们能把这个词用在蚱蜢上的话）摄取碳水化合物，它们的压力荷尔蒙会导致细胞分解蛋白质，制造出糖分。它们会摄取较少的蛋白质（含氮原子）和较多的碳水化合物（不含氮原子）。从蚱蜢身体减少的氮对整个食物链具有相当显著的效果，甚至会减少细菌分解草原上落叶层的速度。这会发生是因为蚱蜢的粪便含的氮较少，而氮会促进细菌分解速度。但蚱蜢会有压力是因为蜘蛛会吃蚱蜢，还是因为蚱蜢怕蜘蛛呢？适当的对照组就是使用无法真的吃蚱蜢的蜘蛛。因此，研究者将蚱蜢暴露在蜘蛛面前，而**这些蜘蛛的口器已经黏了起来**。这些科学家并未以蚱蜢、蜘蛛及野生草原验证假设，反而使用了精巧的实验装置，在这个装置中，蜘蛛会吓坏蚱蜢，但不会伤害到它们。注意了：这只是我要告诉你的几个极具创意的实验中的第一个而已。

荒谬的创意实验第二部分：花和蜂鸟

另一个把观察化为实验的好例子来自授粉的世界。

首先我先告诉你一些和授粉相关的背景资料。授粉者在一朵花上逗留时，如蜂鸟逗留在野生的烟草花上，就会出现自我利益复杂的相互影响。花朵不只提供花蜜，对授粉者示好；授粉者也不只是随身携带花粉，对花朵友善。假如花朵不提供奖赏（如花蜜）、不必大肆宣传（如具有鲜艳的花瓣）就能让授粉者带着花粉，那朵花理论上降低运营成本就能制造出更多种子。事实上，花蜜本身就是一种宣传，而不只是奖赏。花蜜中的糖分是热量的奖赏，但花蜜也有易挥发的香味化学物质苯甲醛，蜂鸟很远就可以闻到。但如果你是野生的烟草花，制造花蜜和花瓣就是经营事业的部分成本。同理，如果蜂鸟可以坐下来喝花蜜，而不是每秒拍动翅膀好几十次，它的运营成本会减少，并留下更多资源繁殖后代。但对蜂鸟而言，四处飞是经营事业的一部分。

问题是烟草花如何不让蜂鸟只是栖息在一朵花，满足食欲，而得以异花授粉？烟草花有两种主要方式可以做到这一点。首先，每朵花只会制造一点点花蜜。为了获得足够的食物，蜂鸟必须在不同的花间穿梭，而这些花很可能分属不同的植物。第二点才真正令人惊讶。花制造的花蜜会有带苦味的化学物质。野生的烟草花中带苦味的化学物质是尼古丁。它们制造尼古丁很可能是要激怒鸟类，它们会因此飞来飞去寻找味道比较好的花蜜。这导致了一项假设：最常被授粉的花就是“同时”制造苯甲醛（吸引蜂鸟）以及尼古丁（激怒蜂鸟）的花。

验证假设的“自然”方式就是让花“决定”要制造多少苯甲醛和尼古丁。研究者可以利用一个小针筒采集每种花的花蜜样本（样本数大约为100），并测量苯甲醛和尼古丁在每一种花蜜中的浓度。然后研究者可以用两种方式测量花朵是否成功。第一，研究者可以记录每种花有多少只蜂鸟逗留，逗留时间多长，来测量授粉的成功率。第二，研究者可以之后回头看每种花制造出多少种子，来测量繁殖的成功率。研究者可能会验证以下假设：制造出的花蜜苯甲醛“以及”尼古丁含量最多的花，比其他苯甲醛或尼古丁含量较少的花更成功。这并不是一项实验，因为研究者只需要接受每种花恰好制造出的苯甲醛及尼古丁数量。但一群研究者**使用基因工程**制造出四组植物：[3]

· 花蜜含苯甲醛和尼古丁的植物。
· 花蜜含苯甲醛但不含尼古丁的植物。
· 花蜜含尼古丁但不含苯甲醛的植物。
· 花蜜不含苯甲醛和尼古丁的植物。

这些植物除了苯甲醛和尼古丁含量外，其他条件非常类似。通过这种做法，研究者把他们的研究转化为实验，第四组植物则为对照组。研究者负责调查每种花的花蜜含有何种化学物质，而非只能对自然界花朵的花蜜所含物质束手无策。

但研究者如何知道他们的结果不是基因工程本身过程的副产品呢？或许基因工程在花朵中制造出某种除了苯甲醛和尼古丁

之外的改变，吸引蜂鸟回应。在上述四种条件中，只有第一种代表自然植物，其他三种都经过基因改造。但这并不是研究者做的事。他们也将第一组的植物基因改造：他们使用生物技术移除苯甲醛和尼古丁的基因，**然后再放回去**。要是他们不这样做，实验就会有瑕疵，这就像雷迪把实验组的肉放在盘子上，而把对照组的肉放在烧杯里一样。四组实验组除了苯甲醛和尼古丁之外，都必须**尽可能类似**。实验者发现基因工程的过程本身并没有改变实验结果。

荒谬的创意实验第三部分：蚂蚁

把观察研究变成实验研究是我最爱的例子之一。3 位欧洲的科学家于 2006 年发表了一篇论文。[4] 他们使用了科学文献中盛行的冷静且不带偏见的书写模式，但他们的标题则不然："蚂蚁计步器：踩高跷和踩在断腿上"（The Ant Odometer: Stepping on Stilts and Stumps）。看了这样的标题，你怎么可能忍得住不读下去呢？

我在之后的章节会谈到，蚂蚁似乎具备邪恶的集体智慧，但实际上它们没有。每只蚂蚁都只是遵循简单的行为规则。充满偏见的人类认为其他有机体有智慧，这样要如何想出这些规则是什么呢？这背后有一个有趣的小故事。

现在，这 3 位科学家问了一个非常简单的问题。蚂蚁要回家，怎么知道要走多远？别忘记，对这些小脑袋的生物来说，方法一定要真的很简单。

这些科学家考虑了两个可能性。第一种是"能量假设"：蚂蚁会一直继续往回家的方向走，能走多远就走多远，耗尽特定的能量储存量。另一种是"计步器假设"：蚂蚁会把走的步伐加起来。这些论文作者很快就否决能量假设，因为他们发现蚂蚁无论是否扛着东西（扛东西会消耗较多的代谢能量），走回家的距离都一样。那这样只剩下步伐累计的计步器假设。“步伐累计”不代表蚂蚁真的会计算步伐的数目，因为只有人类能计算超过6或7的数目，大部分动物根本完全不会计算。比较可能发生的反而是蚂蚁每走一步路，就会在体内累积或消耗一些分子，而那种化学物质消耗或累积到正确数量后，蚂蚁就应该到家了。

但排除两种假设其中之一并无法证明剩下的假设即为正确的。假如其他科学家没有想到的假设是正确的呢？正因如此，科学家设法在实验上确认计步器假设。他们的实验验证简单巧妙。他们假设短腿的蚂蚁走的距离不够远，没办法到家（它们“达不到”目标），而长腿的蚂蚁会走太远（它们会“超过”目标）。但自然出现的长腿蚂蚁和短腿蚂蚁可能在许多方面都不一样，不只是腿的长度而已。它们可能分属不同物种；它们可能年龄不同；它们甚至可能在生物群中扮演不同的角色。对科学家来说，必要做法反而是取样来自同一个生物群里的蚂蚁，大小差不多，腿长相当，然后把某些蚂蚁的腿缩短，某些拉长。

这要怎么做到？首先，先找体型大的蚂蚁。如长脚沙漠蚂蚁，它们居住在撒哈拉沙漠，身长超过1厘米。然后，你可以把蚂蚁的腿折断，缩短腿的长度。蚂蚁就像其他节肢动物一样，腿是分段的。你可以折下最外面的部分，把其他部分留下来。这些论文作者把这些缩短的腿称为“断腿”。接下来，你可以用强力胶把小短毛黏在蚂蚁腿上。科学家为此使用了猪的鬃毛。这些作者称这些拉长的腿为“高跷”。你应该猜得到，这个巧妙的实验设计让论文名声大噪。

这一开始听起来很疯狂。高跷和断腿不会伤害蚂蚁吗？如果会的话，它们能走多远就变成测量它们的受伤程度，而不是正常走路状况。但科学家发现踩高跷和断腿的蚂蚁走得就像其他未受伤害的蚂蚁一样。确定这些操控方式对蚂蚁没有影响的唯一方式就是制造“对照组”的蚂蚁，它们腿长正常，科学家把它们的腿折断，然后黏上猪鬃，恢复它们原来的腿长。但科学家并没有这样做。他们让断腿、踩高跷和没有受到操控的蚂蚁去找新的食物来源，然后回家——它们因此知道了一条新的路线。这一次，由于所有的蚂蚁都有机会重新计算新路线的步伐总和，所以都直接回到家。要是它们受伤的话，就不可能做到。

结果就在科学家的意料之中。断腿的蚂蚁走得不够远，它们停了下来，到处走动，一片混乱，找不到蚁窝。踩高跷的蚂蚁则走得太远，接着停了下来，到处走动，一片混乱。

你可能会想：**这种研究到底有什么用**？我想说的是，这项研究帮助我们了解个别蚂蚁的心里发生了什么事，而生物群的集体智慧里又有些什么。请注意，踩高跷的蚂蚁就直接走过它们自己的蚁窝，结果超过了目的地。它们显然并没有思考、观察周遭环境，聪明地找到路回家。它们遵循一项非常简单的规则：往回家路上走，直到步伐累积的化学物质告诉它们停下为止。这项研究就像其他研究一样，帮助我们了解蚂蚁虽然只是遵循一些简单的规则，却有可能做到一些看起来很聪明的事，让人起鸡皮疙瘩。

荒谬的创意实验第四部分：果蝇的宿醉

现代科学最伟大的洞见之一，就是所有的有机体都是从一种常见的古代物种进化而来。此外，所有动物都从古代的动物物种进化而来。这就是为什么所有动物至少在基因和细胞层次上，具有很多共同点。这也是为什么我们通过研究动物，可以学习到许多人体生理学相关知识，而且不只是研究黑猩猩这类和我们关系密切的动物如此，连研究果蝇也是。现代遗传学的原则有许多一开始都是由研究果蝇的科学家发现的。每隔两周，果蝇就会有下一代。此外，道德上几乎没有人反对进行果蝇研究。

科学家喜欢使用果蝇做研究。这是因为果蝇很容易养在小的树脂玻璃瓶中。蛆要吃干燥水果做成的特别食物（闻起来像香蕉），它们的蛹一孵化，就会交配，然后把卵产在食物中。果蝇一孵化，科学家就会把它们从瓶子中取出，放进另一个瓶子。如此一来，科学家就可以控制哪些果蝇会和哪些果蝇交配。果蝇显然不太挑剔，会和科学家放在一起的任何其他果蝇交配。假如我知道我只剩下两个星期可活，绝对逃不出那该死的瓶子，我可能也会和陌生女性交合。果蝇并不是真的**知道**它们寿命只剩下两周，但进化会选择让它们的行为就像知道一样。此外，果蝇的遗传学也广为人知。但这里科学家使用果蝇研究最重要的原因如下：它们实际上和人类有许多一样的重要基因，包括一些与神经系统疾病如自闭症相关的基因。[5] 当然，果蝇不可能罹患自闭症，但它们可能具有会让人类自闭的基因。

人类中欲求不满的男性会寻求酒精慰藉似乎已经是常识，但这种渴望以及后续造成的行为模式其实已经有好几亿年的历史。雄性果蝇会表现出一样的行为。

一群科学家发现雄性果蝇遭到性剥夺时，会渴望酒精。[6] 原来，刚交配过的雌性果蝇会强烈抗拒新的雄性果蝇的求爱。研究者分出两组雄性果蝇。第一组的雄性果蝇我们姑且称为欲求不满组，但科学家会避免在动物身上使用这样的词，它们实际上可能没有那些感觉。这些雄性果蝇和刚交配过且拒绝它们求爱的雌性果蝇一起放在玻璃瓶中。第二组，也就是快乐组的雄性果蝇和很多乐于接受它们的处女果蝇一起放在玻璃瓶里。这是最南辕北辙的情况了，甚至对果蝇来说也是如此：一群雄性果蝇被迫禁欲，而另一群在后宫开派对。

之后研究者给两组雄性果蝇提供机会：它们可以选择吃含乙

醇或不含乙醇的食物。果蝇可以从小管子里吃食物，它们吃的食物数量很容易用管子测量得知。研究者一进行实验，就发现欲求不满的果蝇选择乙醇量高的食物频率较高。

现在问题来了：果蝇欲求不满是因为性剥夺还是遭到主动拒绝？研究者要回答这个问题，必须利用未和这些雄性果蝇交配，**也未**主动拒绝它们的雌性果蝇。也就是说，雌性果蝇要毫无反应地待在那里。科学家让雄性果蝇接触未交配但**去头**的雌性果蝇。（我提过科学家有可能荒谬到很有创意吗？）雄性果蝇遭到拒绝或只是性剥夺似乎无关紧要，它们表现得好像都一样欲求不满。

那发生了什么事？很明显，大脑中有一种称为“神经肽 F”（neuropeptide F, NPF）的化学物质，性剥夺会造成这种物质减少，乙醇则会增加这种物质。研究者甚至测量了果蝇大脑中的 NPF 浓度。研究者发表了具有这种化学物质的苍蝇大脑亮起来和没有亮起来的彩色图片。人类也有类似的大脑化学物质，称为“神经肽 Y”。果蝇就和男人一样，用乙醇弥补性的缺乏，至少在神经肽层次上是如此。

根据我这里提出的例子，可以原谅你认为科学家喜欢折磨动物——折断蚂蚁的腿、把果蝇去头、把蜘蛛的口器黏起来，但我们不是全都像那样。我只会折磨植物。我拔下它们的叶子、撕破、磨碎，把它们的细枝浸泡在酒精里……唉呀，我真是太忘形了。一定是我正在喝的杏桃啤酒搞的鬼。欲求不满的雄性果蝇在啤酒旁飞来飞去。我本来以为是因为杏桃的香味，但实际上一定是酒精吸引了它们。

荒谬的创意实验第五部分：塑料毛虫

有些生态学家希望知道捕食性动物在某些栖息地中，如热带雨林，是否会吃比较多的毛虫。研究设计似乎很简单：只要观察每个栖息地有多少毛虫被吃掉，对吧？但没有那么简单。他们必须日日夜夜观察捕食性动物的活动，毛虫从树枝上消失不代表捕食性动物把它吃掉。再者，没有任何毛虫物种会居住在所有不同的栖息地。研究者如何区分一般毛虫及特定种类毛虫遭到掠食的风险？他们找到了方法解决以上所有问题。他们用了假的**塑料**毛虫。当然，捕食性动物无法吃**塑料**毛虫，但它们会攻击。它们一这样做，就会在**塑料**上留下咬痕，然后**塑料**毛虫会掉到地上。接着科学家只需要捡起**塑料**毛虫，计算咬痕的数目。[7]

要是实验不可能进行，你该怎么办？

只要有可能，科学家就会花许多精力和创意设计实验。但科学当中当然有一大部分的实验不可能进行。举例来说，天文学就是如此。你大概只需要看着星星，或以其他方式测量它们，然后就到此为止。天文学家建立计算机模式，将这些模式与他们的观察及测量结果相比较，但天文学家无法对恒星和行星进行实验。天文物理学家可以进行一些实验，如粒子加速器的实验。但这和对星星或黑洞进行实验仍有一段很大的差距。

地质学大致上也无法实验。举例来说，我之前提过，6500万年前，恐龙因为一颗小行星从天而降而灭绝。这肯定是最精彩的科学故事之一，而且正好也是真实事件。当物理学家路易斯·阿尔瓦雷茨（Luis W. Alvarez）和他的儿子这样宣告时，大多数科学家都抗拒这种说法。但阿尔瓦雷茨的团队发现最终令人心服口服的证据。[8]

为了验证小行星的假设，科学家寻找了在小行星被推断出的撞击时间，所沉淀的某种化学元素。这种元素在小行星很常见，但在地球很稀有。实际上真的有这样的元素：铱。恐龙时代的岩石和灭绝后的岩石间，有一层薄薄的黏土，其中富含铱。在其他岩石中，铱很罕见。这不可能进行实验，但数据仍能令人信服。

荒谬的大型实验

有些假设太过庞大，难以用实验验证，如和小行星及黑洞有关的假设。但别只是认定实验要是有困难，就无法进行。20 世纪 60 年代，有些生态学家想验证一个假设。他们认为山坡上的森林会减缓雨水流量，因此预防了坡底的土壤侵蚀和洪水。这言之成理，但要证明就是另一回事了。他们获得适当的许可及协助，砍下山坡某区域的树木，山坡其他区域的森林则保持完整。他们可以在坡底测量下雨时从山的特定区域流下的泥土、矿物和水的量。[9] 他们必须确定砍伐精光和完好无缺的山坡其他部分尽可能条件类似，也必须确定山坡之下有一整层岩石，这样水才会往山下流，而不是流进土壤中。因此，这些科学家对山进行了实验。

其他科学家用整片森林做实验。就像其他章节提到的，人类把二氧化碳大量散布到空气中，而我们的工业、交通和能源生产则造成全球变暖。科学家希望知道这种多出来的二氧化碳是否会让森林里的树长得更大。要是会的话，或许树木就可以吸收二氧化碳，帮助平衡大气层的二氧化碳，阻止全球变暖。如果真是如此，它们吸收了多少呢？这些科学家建立了像巨石阵一样的环状高塔，这些高塔会在环内释放二氧化碳，造成环内的空气比外面的空气碳含量更高。除了这点之外，内部（实验组）和外部（对照组）条件几乎一模一样。这些高塔会测量风速及二氧化碳浓度，并在适当时间及地点释放二氧化碳。在过去，科学家会在温室内进行这些实验。我就负责了这些早期实验中的一部分。但温室往往比真实世界炎热且潮湿。如果真的想知道森林对大气层中提高的碳含量有何反应，你就必须对森林进行实验，而不是只对温室里的几棵树实验而已。[10] 农场上进行过类似的实验。[11] 这可不是什么好消息：森林或农场都无法从空气中排除足够的碳，预防灾难般的全球变暖。

我们人类今天“对地球做实验”，把大量二氧化碳散布到空气中，不只是不幸而已。这也不是一个真正的实验。首先，这个实验欠缺对照组——没有另一个并未进行实验的地球，只有一个全球混合的大气层。他们只是像小孩子“做实验”般地把苍蝇的腿和翅膀拔掉，玩弄了地球。因此，对已过世的大气科学家斯蒂芬·施耐德（Stephen Schneider）来说，情况看起来并不好。他认为大众有必要了解被称为“地球实验室”的全球变暖现象。[12]

第四章 对与错

现实生活中，犯错的方式很多。但在科学中，犯错的方式只有两种。

第一种犯错的方式是接受**错误肯定**（false positive），也就是自行下结论，实际上假设是错误的，却说是正确的。第二种犯错的方式是接受**错误否定**（false negative），也就是自行下结论，实际上假设是正确的，却说是错误的。

错误肯定和错误否定这两种错误都是不正确的，但一般而言错误肯定比错误否定更严重。以下是原因所在。设想一个测试药物效用的实验。错误否定会得出认为没有证据显示药物有用的结论，但实际上药物确实有用。这造成的唯一问题是研究者可能要重新设计实验，或调整药物配方，然后再重新测试。这会导致药物上市时间延后，当然也可能造成科学家浪费时间、金钱，这就是法尔斯坦何以呼吁要发表“失败的”实验。[1]

但假定科学家还不愿意完全放弃某个假设，这时错误否定就可以激发科学家重新设计研究。在我先前提到的植物根的研究中，我和学生第一次尝试时，我的假设并未被证实（也就是说数据符合虚无假设）。我们在第一次实验中使用豆科植物。结果有两个原因造成豆根并没有特别容易在肥沃土壤中生长。首先，豆类种子很大，里面储存了很多养分，所以或许对豆根来说，找到更多养分并不重要。再者，豆子就像其他许多豆科植物一样，和细菌存在互利共生的合作关系。细菌的功能就像小型的氮肥工厂一样，因此豆子的幼苗不需要从土壤中摄取氮肥。它们仍需从土壤摄取磷，但或许种子里已经含有足够的磷。所以我们用向日葵取代豆子，重新做实验。向日葵的种子比较小，而向日葵的根并没有彼此互利共生，会制造肥料的细菌。第二次，我们确认了假设并否决虚无假设。我们从第一次实验得到的错误否定只是延迟我们得到结论的速度，而且实际上在实验过程中也教了我们一些有趣的事。

但错误肯定会让所有研究者跳起来大喊“我发现了”，如相信某种药物有效，但实际上药物根本无效。然后药厂会分配很多资金生产药物，花了很多研究时间，或许还花了上百万美元后，才发现答案应该是“我呸”而不是“我发现了”。前面提到，我已经找出可能可以应用在医疗上的植物萃取物。我对这样的研究算是外行。我给一家小型药厂提供了我的研究相关资料，他们很有兴趣，而且开始研究我寄给他们的植物萃取物。那家公司做的第一件事就是用我寄给他们的样本，重新做我做过的所有测量。他们用自己标准化的方法实验，而不是采用我外行的方法，之后才更进一步研究，以保护他们自己不会受到错误肯定伤害。他们发现我是对的。任何没有小心保护自己不受错误肯定伤害的公司很快就会倒闭（一家较大的公司并购了那家小公司，之后终止了这项研究计划）。

你绝对、绝对、绝对无法完全确定你在科学中是正确的或错误的（我相信在生活的其他方面也是如此）。坚持 100% 确定会使研究瘫痪，所以科学家决定小小冒一下险。全天下的科学家决定接受 5% 的**错误风险**。也就是说，他们会容许有 5% 或

5% 以下的概率，去接受错误肯定或错误否定的可能。换句话说，他们接受正确与错误的机会是 20∶1，但不能再低了。这很武断，但你的确必须有某种执行标准。这导致了一种奇特的情况，一个达到 4% 错误率的团队会大肆庆祝，但达到 6% 错误率的团队却会觉得挫败。无论如何，要记得这是学术圈的成员遵循的规则之一，科学家同意接受 5% 的错误率，但不能再高了。（6% 的团队可能会重新尝试，或许稍微增加样本数，或提升技术，目的都是希望达到 5% 的标准。也就是说，他们会假设他们的失败是错误否定的结果。）科学家会利用统计软件计算这些错误率。

在某些例子中，5% 的标准可能还不够好。越来越多医学研究者相信，一旦病人危在旦夕，5% 的风险还是太高。他们之中有些人呼吁严格程度要达到 10 倍（0.5% 的风险）。[2]

正因为一项实验的结果只有 5% 的机会出错并不代表要从头重复实验，你会得到 5% 范围内的显著结果。最后你可能会获得 6%"不显著"的结果，也有可能是 4%。也就是说，就概率而言，你的结果可能变好或变坏。这是许多科学家希望制定更严格显著门槛的另一个理由，他们认为 5% 仍嫌不足。

要是研究结果落在 5% 的门槛以下，科学家真的会欣喜若狂。事实上，他们的工作就是靠这一点。假如一个年轻科学家进行研究，结果一直"失败"，产生虚无结果，他很快就会发现自己失业，无论在学术界或如药厂管理的私人实验室都是如此。虚无结果通常也等于关上大门，将竞争激烈的研究经费拱手让人，特别是联邦政府提供的经费（美国国家科学基金会和美国国立卫生研究院是两个主要的例子）。这导致了两个不幸的后果（有些人称为危机），特别是在生物医学研究高风险的世界中。

第一个后果是越来越少的科学家愿意进行有风险的研究，也就是概念宏大但失败风险高的研究。如此一来，大多数科学研究都只是将既有研究稍加变化组合而成而已。这被称为“安全科学”，因为这和已经证实有效的研究非常类似。但最有可能促成重大突破的，却是概念宏大的高风险科学。罗伯塔·奈斯（Roberta Ness）称这种科学为“创意危机”。[3] 创意具有风险，许多科学家因此选择保持距离。

第二个后果是科学家为了让实验结果“有效”，深感压力。这造成很多科学家有意识或无意识走捷径，数据还未能证明，便得出“发现真理”的结论。根据理查德·哈里斯（Richard Harris）的说法，其结果是产生耗费数十亿美元但有瑕疵的医学研究。[4]

很多时候这些错误的发生是因为偏见，也就是科学家看到他们预期看到的结果，而不是真正出现的结果。也有可能是因为无效，这代表研究结果不能应用于实验室之外。避免偏见和确保效度是科学过程极为重要的部分，对日常生活中的常识也是如此，因此我在后文会着墨更多。

科学调查也有可能发现**统计上**显著的结果，避免错误肯定和错误否定的情况，但结果本身**科学上**并不显著。某种药物可能提升了 1% 的健康，这 1% 可能在统计上很显著，但并不值得花钱研发药物。

科学就像生活一样，没有办法百分之百确定。但至少科学家可以计算他们面对的风险。

自己动手做

想一个你想了解的假设，并思考你可能会如何探究。假如你犯了错，结果得出错误肯定该怎么办？要是得出错误否定呢？就你的假设来说，告诉我们哪种错误比较严重。

SECTION 2

人猿大脑永流传

前面提到，人类大脑并未进化出根据理性推断的能力，而是进化出合理化事物的能力。我们并没进化成会发现真理，除非那种真理对我们的进化利益有直接帮助。因此，科学并不是自然而然迎向我们的。更重要的是，我们的心灵被偏见和无效性以许多奇怪的方式扭曲。这就是本部分谈论的内容。但是我会告诉你科学这个令人愉悦的领域允许我们尽可能接近真理，就像我们的人猿大脑一样。

人类心灵会寻找世界中的模式。假如找不到，就会想象出来。所有科学家随时都是这样。因此，我们“看到”的模式，或有时候看到的物体，并不都是真的出现在眼前。人类心灵可能会对没有预期会遇到的事物视而不见。即使一个模式展现给我们看，或者一个物体就在我们眼前，我们也可能无法看到。因此，科学家必须采取特别的方法帮助他们避免这些大脑的失误。

世界的真实情况和我们感受这世界的方式之间有所差距，这就是所谓的偏见。偏见有许多类型。大卫·沙瓦拉里亚斯（David Chavalarias）和约翰·伊奥尼迪斯（John P. A. Ioannidis）声称生物医学研究中，共有235种偏见。[1] 本书中，我们会提到少数几个。这包括相信我们感官的偏见、直线偏见、分类偏见、假定相关等于因果以及媒介偏见。我们常使用“偏见”一词描述过于粗心或过于无情的人，他们不会考虑自己以外的人提出的观点。但偏见并不一定会是刻意甚至有意识的，每个人都会有偏见。从测量本身这个动作开始，偏见就已经存在。但这绝对不会只到此为止。

此外，我们可能认为自己已经基于一组观察得出结论，结果却发现观察无效。如果一组测量结果显示我们认为它会告诉我们的事，那它就是有效的。

本部分描述了偏见和无效性造成我们大错特错的例子。我们甚至没有警觉到自己犯错，除非我们接受科学的训练。

第五章　错觉的世界

共感觉者应该经历了别样旅途。共感觉（synesthesia）代表感觉（aesthetics）同时出现（syn-）。共感觉者会以好几种方式感受到感官输入，而不只是一种而已。举例而言，他们可能欣赏音乐和弦，然后看到呼应音乐的各种颜色。我认识三个有共感觉的人，三个都是音乐家。其中一个曾在一场音乐会后说音乐“尝起来很美味”，让他没有共感觉的朋友吓一跳。他很惊讶他们品尝不到音乐的滋味，他以为这是一种体验世界的寻常方式。另外两个共感觉者听到音乐时会看到各种颜色。对其中一个来说，铜管乐器让世界变成红色；对另一个而言，美好的音乐让世界变成紫色。我都快嫉妒他们了。有些人必须历经诸多风险才能达到共感觉者大脑每天自然出现的状态。

乍看之下，共感觉者生活在一个充满错觉的世界，和其他人不一样。但其实所有人类都生活在一个充满错觉的世界。

我们唯一了解这世界的方式，就是通过感官。我们的大脑是大量神经元一束一束互相联结在一起组成的，这些神经元会处理感觉神经元传给它们的信息。大脑本身漂浮在液体中，受头骨保护，毫不间断地接收食物和氧气，甚至没有自己的痛觉感受器，病人可以在镜子里看到自己的大脑手术。大脑接收到的所有感官信息无论来源是哪里，都没什么不同——都是神经冲动。来自眼睛或舌头的神经冲动并没有化学上的差异，因此大脑才会将各种冲动分门别类，将来自眼睛的神经冲动解释为视力，来自舌头的则是味道。大多数人的大脑会将这些冲动区分清楚，但共感觉者就不会。但我们所有人的大脑都会**制造现实的错觉模式**。让我举一些例子。

准备好了吗？你一定不会相信的。根本没有颜色这种东西。

光的光子具有不同波长，有些光具有短而有能量的波长，大约是原子宽度的 4000 倍；有些光则有长但能量较少的波长，大约是原子宽度的 7000 倍。还有介于中间的各种光。波长较短时，“光”的能量非常强大，如 X 光；长波长的光能量较少，如我们觉得是热力的红外线辐射。光可见的光子会刺激眼睛视网膜中的三种锥状细胞。短波长的光会刺激一种锥状细胞，细胞接着会经过视神经传送信息到大脑；长波长的光刺激了另一种锥状细胞。大脑会将来自第一种锥状细胞的冲动解释为蓝色，来自第二种的解释为红色。还有介于中间的各种颜色。光本身并没有颜色，只有波长。颜色是大脑制造出的错觉。这也就是为什么自然光中找到的**连续**波长范围在我们看来会像彩虹，具有**各自独立**的色带。

错觉并不等于**幻想**。大脑会使用从全身各处感官结构传来的神经冲动，为我们建立一个现实模型，这就是错觉。但假如是幻想的话（举例来说，错觉中并未出现悬崖边缘，但事实上边缘就在那里），大脑结构如此的动物可能就会坠入深渊，无法把基因传给下一代。自然选择确保了大多数动物不会产生幻想。

自然选择强化了我们对大脑错觉的现实模型会产生的情绪反应。鲜艳的颜色和甜味在大脑中都和愉悦产生联结。这刺激了我们灵长类的祖先外出寻找成熟的水果，这在过去和现在都是良好的营养来源。而猫就无法尝到甜味，它们没有甜味感受器。它们的鲜味感受器（舌头的感受器，会对肉里面的化学物质产生反应）反而比我们更多，它们的大脑会把肉与愉悦联结在一起。热爱花蜜的蜂鸟中，代代相传的鲜味感受器就进化成了甜味感受器。[1] 自然选择塑造了每种动物物种的心灵，各自都会以对其生存及繁衍最有用的方式体验世界。

但我们的心灵都以同样的方式体验事物吗？你看到了绿色，但你看到的东西和我一样吗？我会说除了某些例外情况外，答案是肯定的，因为所有的人类在基因方面都非常类似（我们有共同的非洲祖先，约 10 万年前居住在地球上），而我们大脑的天性也很相近。其中一个例外是有些人（大多数是男性）是红绿色盲。也就是说，他们眼睛其中一类的锥状细胞有缺陷。

我们对世界的错觉感受不只可以用我们看到的事物说明，没有看到的事物也可以。很多人看到植物时会视而不见，甚至直接看到也是如此。这种现象称为“植物盲”。[2]

这也是为什么我们的想象力可能几乎和我们直接感受到的世界一样真实。或许没有其他物种有像我们一样生动的想象力。老鹰视力更好，狗嗅觉更敏锐，但人类通过艺术、宗教及科学，有能力创造心灵的现实模型，这是动物完全难以企及的。我把我们大脑的进化某种程度归功于想象力因时因地制宜的优势，这是不是揣测过多？亨利·大卫·梭罗（Henry David Thoreau）在他 1862 年的文章《秋色》（*Autumnal Tints*）中提到：“直到我们对一个东西的概念着迷，对它念念不忘之前，我们什么也看不到，而一旦着了迷，我们眼里也就容不下其他事物了。”

感官经验提高的人可能在人类进化过程中扮演了重要角色。早期人类社会中，能更生动体验世界的人，还有能传达那份生动给其他人的人，可能地位更有社会优势。他们会思考，并让其他人相信他们可以看到灵魂，而且可以与神对话。

不只不同的人彼此间看到的东西不一样，不同文化之间也会如此。实验对象观看照片时，美国的受试者会看照片中央的物体，如老虎；而亚洲的受试者不但会看中央的物体，还会看周边的景象。这是准确测量眼球运动后确认的结果。[3]

人类大脑无法只单纯感受事物实际的样貌。这不是缺陷，而是福气。我不只是一个刚好对这世界有丰富艺术体验的科学家，科学实际上充实了我的经验，我在本书结尾就会写到这一点。然而，这的确代表人类感官无法被信任成为在科学上有效的测量工具，我在下一章会进一步解释。

自己动手做

提出一个你自己的例子，说明你的感官可能会感受到某种东西，但表现出来却是有偏见的。请使用本章未描述到的其中一种感官。

第六章 直接测量

我们的心灵无法客观地检视现实，这甚至从测量本身的行为就已开始。我们可能会想，验证假设只要找到你需要测量的事物，然后加以测量就可以，还有什么比这更简单？但这一点也不简单。

人类作为测量的工具

人类的感知范围非常有限。我们只对感官刺激产生反应，这对我们祖先来说是进化上的优势。无线电波现在正通过你的身体，但你感受不到，对你来说这并不是刺激。我们已经发展出各种科技，大幅延伸我们的感知范围。我们发明了可以将无线电波转换成电力的天线，扩音器可以因此发出声音。另一个科技延伸感知的例子就是显微镜。透过玻璃镜片聚焦光的显微镜，我们可以看到非常微小的物体。然而，光学显微镜无法聚焦小于可见光波长的影像，可见光波长约 0.5 微米。1 微米等于 0.001 毫米，所以这数字非常小，但许多自然世界中的细节甚至更微小。电子显微镜聚焦电子束的效果准确许多，事实上，现在的科学期刊会定期刊登原子的影像。由于原子持续移动，因此影像的样子都是低温冷冻的结晶。[1]

但在这些限制下，我们认定感官提供了关于这个世界的客观信息，我们看到了真实存在的事物。我们听到空气中的震动，鼻子则可以侦测到空气中的分子。通常这种认定都是正确的，但不一定每次都是这样。

其中一个理由就是**感觉疲劳**。我们的动物祖先如此进化出我们的大脑，其中一个原因是侦测危险并据此做出反应。因此，我们的大脑就像其他动物，对环境信息的**变化**异常敏锐，但对环境资讯本身则不然。我们或许能**看到**一成不变的风景，但会**注意**到变化的事物。过了一段时间，我们的心灵就会开始忽略部分接收到的感觉信息。穿上衣服时可以感觉到衣服，但穿上一段时间，就会忘了衣服的存在。一开始坐在一张椅子上的时候会感觉到椅子，但过了一段时间就不会意识到了。第一次闻到一种新味道你会注意到，但一会儿就闻不到了。你的大脑会这样的原因是一成不变的环境不太可能带来危险。闻起来或吃起来有点腐坏的食物可能有毒，而且你必须马上知道，但一旦你决定不吃这种食物，这项信息就没有用了。大脑为了保护自己不会感觉超载，会选择性忽略旧的信息。这在测量上可能很重要。你的鼻子是很精密的工具，可以侦测并辨识气味，但你没有闻到某样东西可能代表气味已经不在，或者是你的大脑已经开始忽视。机械的气味侦测器可以客观显示一种化学物质存不存在，但你的鼻子无法这样。鼻子会累，也就是感觉疲劳。

另一个理由是**感觉敏锐度**。就所有感官来说，身体每个部分的敏锐度都不同。举例而言，你全身的皮肤具有可以侦测压力的神经末梢。这些末梢和可以侦测疼痛、热度、寒冷的神经末梢不一样。亲爱的朋友，你在生物上已经定型了。这些神经末梢让你有触觉，但你的指尖压力灵敏的神经末梢比后颈等区域密度更高。你可以区别皮肤的两个接触点，即使没有看着，要找到并记得手指上接触点的位置，都比找到后颈的接触点容易许多。理由应该很明显。我们用手指获得这世界和触觉相关的详细信息，但在后颈，我们只需要知道有没有蜈蚣爬在上面。假如我们随时都能完整感受到所有事物，结果就会造成感觉超载。机械的压力侦测器测量压力得出的结果客观且不会变动，你的皮肤就不是这样了。只是测量压力吗？没有皮肤上的压力感受器，你就**做不到**。那就是为什么科学家会使用机械压力感受器。

另外一个例子和视觉有关。照相机可以客观测量光强度。摄影师打开光圈（光进入的孔，可调整大小）就可以让更多光进入照相机，缩小光圈进来的光就比较少。真实世界中，外面的阳光明亮度动辄就是室内光的100倍。假如你维持曝光时间和光圈一致，你在室内的照片很可能看起来几乎是黑色的，而你在室外的照片可能几乎是白色的。你必须调整光圈来弥补这一点。使用照相机时，你可能必须刻意这样做，但你的视觉却是在你不知不觉中调整。其中一部分原因是眼睛的虹膜就像照相机光圈一样开合，另一部分原因是大脑会调整你对光强度的敏锐度。你的视觉可能很优异，但这并不是测量光强度的客观方式。当然，室内**看起来**并没有外面日照风景那样暗100倍。现代的数码相机会自动进行这些调整。只是测量光强度？你用眼睛**办不到**。那就是为什么科学家会利用“量子传感器”这类的设备，这会将光能直接转换成电压以测量光强度。

这甚至会变得更复杂。假如你拍了一张户外景色的照片，结合了光和影，那无论你曝光时间还有使用的光圈怎么组合，结果不是光照的部分会过度曝光，就是阴影的部分会全黑。摄影师一般会利用电子闪光灯对阴影补光，避开这个问题——没错，晴天的时候在户外特别会这样做，但你的视觉会自动进行这些调整。你眼睛后面每一组视网膜细胞都会连接到一个视神经元。在视网膜特别敏锐的地方，每个细胞会连接到一个视神经元。来自这些神经元的冲动抵达大脑视觉处理中心时，大脑就会调整每次冲动的强度。大脑让你的视觉对阴影补光，调暗阳光，仿佛你的每个视觉神经元都有自己的光圈控制一样。有些更先进的数码相机也可以做到这一点，让相机不像眼睛，反而像大脑。

这样子进化的理由应该很清楚。我们的动物祖先必须能够在阴影中看到潜在的危险，如捕食性动物，而且必须迅速做到。视觉因光强度变化迅速调整，而且对来自阴影的光比来自日照风景的光更敏锐，就是生与死之间的差别，这种情况已经维持 6 亿年了。但这种让我们的祖先生存下来的同样一种能力，也让眼睛无法客观测量光强度。

这也解释了为何我们的大脑会更能注意到突然或不寻常的动作，而不是慢慢形成或平常的动作。你可能有和我一样的经验：你从眼角看到一片叶子或一只鸟的动作，会突然有短暂的心理准备，好像要面对捕食性动物一样。事实上，你的大脑甚至早在你意识到、看到动作之前，就已经开始反应。虽然大脑还是可能回应错误肯定（假设捕食性动物存在，但其实不存在），但我们的祖先凭借薄弱的资料，就能侦测到捕食性动物，而我们是他们的后代。你也知道，错误否定（假设捕食性动物不存在，但其实存在）就代表我们基因谱系的终结。

你在测量什么？

前面所有的例子都告诉我们感官偏见如何影响我们感受世界。但假定你实际上真的有不带偏见测量某样事物的方式，如用尺子测量长度，从那一点开始，你可能会认为你需要做的只是测量而已。假定你的假设是男性比女性高，这样只要测量一名男性和一名女性的身高就能得出你的结论，对吗？你知道并不是这样。科学的方法会解释原因。

第一，想一下这个假设并不是说**所有**男性都比**所有**女性高，只是说男性**平均而言**比较高。

第二，想一下你并不能测量所有男性和女性的身高，只能各测量一定的**样本数**。**平均值**就是特定族群成员的平均数。在这个例子中，包括一切的族群就是男性和女性的总人口数，而从他们之中可以选取出样本数。你无法知道**总体平均值**，即曾活在这世界所有男性或所有女性的平均身高。你只能测量**样本平均值**。

这是**效度**的问题。一项测量结果告诉你真正想知道的事，那才**有效**。在这个例子中，有效的样本平均值必须能代表你要从中获得结论的族群。单一一个男性及女性并不是有效的样本。为了有效，你的样本必须要更大，必须反映实际人口中的多样性。如果人口包含了不同种族，也应该纳入你的样本。如果人口包含了不同年龄的人，你应该只比较同龄的男性和女性。

一旦取得男性及女性样本，你就可以拿出量尺，或让志愿者靠着上面标有身高尺寸的墙站（科学家会使用公制测量单位，如米和厘米，而不是使用英制单位，如英尺和英寸）。如此一来，你就能确定样本中每个男性和女性的身高。听起来够简单吧？

你可能也猜到即使这样也不是听起来那么简单。你要测量得多精确呢？精确到厘米吗？精确到毫米吗？这要看情况。测量身高精确到毫米并不太实际。举例而言，每个人的发量可能都不同。身高要不要包含头发呢？鞋子呢？假如有人稍微驼背呢？但只要你的测量精确到厘米而不是到毫米，那可能就无关紧要。假如你预期男性和女性的身高差异大约在几厘米，那你的精确程度只需要到厘米，要更精确只是在浪费时间。我的一些学生写下了计算机上小数点后的所有数字，然后很惊讶他们的科学老师要他们四舍五入到整数就好。但你不会想要使用假精确（false sense of precision）的数字。

顺道一提，精确（precision）和准确（accuracy）并不相等。精确指的是你测量东西的精细程度：精确到厘米？到毫米？到纳米？准确指的是在你规定的精确程度内，测量出的数字正确。无论在科学或在日常生活中，我们都要很留意这些概念。这世界上有 75 亿人口，在本书撰写的时候是准确的，反映出正确的精确程度：世界人口数目精确到亿。但如果你说世界上有 75 亿人，那你就是在说世界人口并不是 75 亿零 1 人，但这其实不是你的本意。精确和准确是科学记号存在的理由。如果我们说世界上有 7.5×10^9 人，很明显只有 7 和 5 这两个数字是准确的。

事实上，这里还有一个可能的问题。要测量人的身高似乎不难，但树的高度呢？你不能爬上摇摇晃晃的树顶，然后放下量尺。那你该怎么办？你可以利用三角学或三角测量法。假如你知道你离树有多远，还有树顶和你视线的角度，你就可以计算出高度（公式是距离乘以角的正切值）。你必须加进你眼睛离地的距离，通常是 1.5 米。这个方法没有好到让你担心精确度会超过米。

你可能会想你从来不需要对人使用三角测量法。但在 19 世纪，达尔文的表弟法兰西斯・高尔顿（Francis Galton）研究了非洲霍屯督（Hottentot）女性（我们今天称他们为桑人）的身型[2]。高尔顿对她们特别肥大——即储存脂肪的臀部印象深刻。他希望知道她们的臀部多宽，但他觉得用量尺量女性的身体会不自在。因此，他从安全距离测量她们，然后用角学计算每个人身体的宽度。

非常厉害。现在假设你要测量 5 名男性和 5 名女性的身高，并获得以下结果：

例 1		（单位：厘米）
	男性身高	女性身高
	171	168
	175	166
	169	167
	181	165
	177	207
平均值（保留整数）	175	175

样本中的男性和女性平均身高一样。但你会得出结论说男性和女性一般而言具有相同的平均身高，因此否定了你的假设并确证虚无假设吗?

不会。样本中一位 207 厘米高的女性膨胀了平均身高的数字。除了她之外，其他的女性都比男性矮。207 厘米这一数字称为"离群值"，不被认为是样本的有效部分，也就是说，这让你整组的测量结果无法告诉你想知道的结果。该怎么处理离群值呢？统计上有方法可以将它们排除在样本外。或者你可以取得更大的样本数，这样离群值就不是那么重要的数据点（data point）了。你"无法"做的是偷偷把任何不喜欢的数字扔掉而没有说你这样做。

现在另外假设以下是你获得的数字：

例 2		（单位：厘米）
	男性身高	女性身高
	171	170
	175	176
	169	168
	181	182
	177	174
平均值（保留整数）	175	174

在你的样本中，男性平均比女性高 1 厘米。你会得出结论说男性一般而言比女性高 1 厘米，因此确证你的假设吗?

不会。你可以轻易就看到**每个样本中**测量结果的变异性

（variability，男性是169厘米到181厘米，女性是168厘米到182厘米），大大超过**样本之间**的1厘米差异。你会强烈怀疑两个样本间平均身高的差异是因为概率。

科学家有办法计算每个样本的变异性。在没有变异性的样本中，所有的数字就和平均值一样。在变异性大的样本中，许多数字都和平均值相去甚远。你可以计算出任何一组数字的平均值。但如果数字变异性大，我们可以说平均值或许就没有意义。

那该怎么办？你可能多少会有直觉，认为1厘米的差距没有意义。你的潜意识心灵可能甚至会不知不觉中计算，导致"直觉"突然出现在你的意识中。但为了避免偏见（关于偏见我还有更多章节的内容想告诉你），科学家会利用**统计分析**。统计分析可以告诉你两个样本的平均值是否差异够大，尽管存在不可避免的变异性，但仍具鉴别力。

当科学家说两个样本平均值具**显著**差异时，你可以猜到这代表两者相同的概率不会高于5%。"显著差异"不代表"差异足以对我产生重要性"，而是代表具有精确的数学意义。

本书就是讨论你如何可以像科学家那样思考。本章已经告诉你，你可以达成这种境界的其中一个方式就是：将你的信念建立在有效样本足够的测量结果之上，并且尽可能精确，但又不至于矫枉过正，造成假精确。但如果要决定你测量结果的显著性，这本书恐怕无法帮助你。即使要了解最简单的统计，可能也需要用上一整本书，我的建议是阅读《漫画统计学入门》（*The Cartoon Guide to Statistics*）。[3] 数学真的很复杂，要测量样本中的变异性不只一种方法，包括测量变异数、标准差、标准误差、变异系数、基尼系数（Gini coefficient）等。你应该使用哪一种，又要如何计算呢？要回答这个问题需要一整章的篇幅。当然，计算机程序可以快速比较样本平均值。输入数字，计算机就会告诉你"p =

0.025”，这小于 0.05，代表你的结果是显著的。但这些计算机程

测量或计算某种东西的方法几乎永远不会只有一种。我在科学生涯初期就学到这一点。当时我还是个大一新生，在加州大学圣塔芭芭拉分校上肯·米勒特（Ken Millet）教授第一学期的微积分课。他解释说我们可以用积分学决定曲线下方的区域。但之后他说也可以在纸上画曲线，剪下来，然后测量重量。假如你知道纸的密度，就可以计算曲线下方的区域。并没有规则说你一定要用微积分，你也不必使用最先进的设备。我写博士论文过程中，得出生平最好的一些测量结果，所谓最好并不是最精确，而是最有用。这些结果用了一条绳子、一根钉子和 9 块木头就得出来了[4]（我测量了几个野生动物栖息地的叶子面积）。

假如事情很单纯，一次测量就能告诉我们问题的答案或验证假设，那就太好了。但这世界太复杂，只能事与愿违。

但我们看到直线

我要讨论的下一个偏见，是我们往往会以线性的方式看待一切事物，但事实上，大部分的自然过程都是非线性的。线性指的是线，一条直线。非线性通常指的是曲线。理解过程或关系时两者区别格外重要，形状还在其次。

线性的偏见对我们祖先在进化过程中的生存及繁衍几乎没有造成影响。假如从某一地到另一地要花一天，两倍的距离就要花两天。速度是线性的过程，这没有问题。

但想象一个正要掉落地面的物体。物体掉落时，受到重力影响，一开始掉落得慢，然后速度越来越快，也就是持续加速。物体掉落时，第一秒会慢慢移动。但如果掉落的距离很长，最后一秒可能移动得非常快速。在我们进化历史的大部分时间中，这并没有造成什么影响。假如捕食性动物或一个要逃离捕食性动物的人从树上或悬崖上跳下来，潜意识从线性角度计算掉落速度，得出的误差可能非常小。误差大的唯一时间是那个人掉落的距离很长，大概三四十米以上。那个人脑袋里最后出现的想法一定不是：呸！我对终端速度的线性估计都错了！要了解箭、弹射器投掷的石头、飞机或火箭的轨迹，线性误差就变得很重要，但那些技术创新在我们的进化历史中都算近期。

增长曲线

另一个线性投射失败的例子和增长有关。几十年来，非线性增长曲线最受喜爱的例子就是青蛙和睡莲的故事。想象一下一只青蛙坐在池塘的睡莲叶上。睡莲叶每天成倍增长，到月底（第30天）就会完全占满池塘。问题：在哪一天睡莲叶会占满一半的池塘？

直觉的线性答案是第15天。第15天占了一半，所以第30天占满，对吗？但因为总数加倍的时间并非线性过程，所以正确答案是第29天。睡莲在第29天会占据一半池塘，然后睡莲总数加倍，在第30天完全占满池塘。环保人士，如雷斯特·布朗（Lester Brown）在著作《第29日》（*The Twenty-Ninth Day*）[1]中就表示喜爱这个故事，因为它对各族群增长非线性的见解令人不寒而栗，特别是人口方面。[2]族群增长可能会让我们措手不及。一只得意扬扬（而且线性思考）的青蛙在第29天可能会看着四周呱呱叫着："有些青蛙说这池塘已经半满，但我说这里还有一半空着！"浑然不觉青蛙末日只剩一日之遥。

大脑计算族群增长时辜负我们的期待了吗？我们智慧进化的大部分时间，答案都是否定的。这是因为大部分人口都有能力经历非线性增长，但不见得有这样的机会。小小的人口爆炸可能才开始，但中途便戛然而止，或者因瘟疫、战争或饥荒等灾难而扭转趋势。只有在最近几百年，疾病和饥荒受到充分压制，人口才得以非线性增长。因此，世界人口从我出生到现在增长超过一倍，但在罗马人的时代，世界人口花了好几百年才增长一倍。

人口非线性增长有助于解释虫灾为何在古代发生（以及为什么会在现在发生）。但古代没有人知道究竟是什么导致虫灾，他们的知识都恰恰与此相反，认为上帝奇迹似的制造了虫灾，就像摩西在圣经的出埃及记所说的那样。古代人很少有机会估计昆虫族群的规模以预估灾害，因为昆虫常成群移动。昆虫族群在别处非线性增长，它们可能即将闯进来，把你所有的作物都吃掉。

我们处理非线性增长的问题之一，就是这可能会让我们得出超越直觉熟悉范围的数字。我们习惯思考上百或许上千的数字。但一旦数字接近百万，我们的大脑就开始僵住了。想象一下1000这个数字，再想象一下将1000乘以1000，那就是100万了。100万以后就越来越复杂了。想象一下100万，再想象一下1000个100万，那就是10亿了。然后越来越复杂。多少个百万会变成兆呢？我问生物优等班的学生这个问题，结果没有人知道。其中一个学生冒险地猜了个答案。“3吗？”他问。正确答案是100万。1兆就是100万乘以100万。甚至连优秀的大学生都不知道1兆是多少，我们怎么能期待未来的领导者在这个非线性增长的世界引领我们呢？美国的国债是21兆。[3]这里欠1兆，那里欠1兆，累积起来就是很可观的一笔钱。大家的眼神都呆滞了。

在微观的层次上，族群增长也是非线性的。牛奶中的细菌数目会随时间成倍增长。假如细菌族群呈线性增长，放一周后会有点酸的牛奶在两周后酸的程度会加倍。但因为细菌数成倍增长，牛奶只要开始有一点点变酸，几个小时后就会完全腐坏。面包一发酵，酵母菌数就会非线性增长。古代人不知道这一点，但这不会有太大影响。他们只学到如何制作奶酪、面包、酸奶、克菲尔牛奶酒和马奶酒，却没有分析最基本的微生物数，不过反正他们当时根本不知道有微生物。

非线性的规模经济

线性的偏见可能造成我们忽略非线性的规模经济。要经营有2000名员工的公司，做法不能和只有20名员工的公司一样，然后乘以100倍。不能以线性的方式“按比例增加”，必须采取不同的策略。小公司的员工可能每个人什么事都做一点，但大公司有专门的员工负责特定工作，且比一般员工得心应手。这些就是规模经济正面效应的例子。

但规模经济也有负面影响。在穴居人的年代，全世界人口只有 100 万人，可以把垃圾随便倒，不会有什么问题。直到人类开始居住在城墙围起来的城市前，情况的确是这样。但在城市内，居民会被困在里面，和其他人的垃圾、污水还有他们当时不知道的细菌共处。今天，世界上人口超过 75 亿，我们不能再把废弃物冲到河里，或是把垃圾扔掉，堆在一起。人口太多了，自然微生物可将污水分解成无害分子，但污水很容易就超过微生物能承受的范围。当然在水往下流到另一个人口密集区前，也会超过自然可以承受的范围。不要把纸扔在地上！你在乱扔垃圾！扔进垃圾桶！更好的方法是回收，因为太多人使用纸，所以必须回收，而不是砍下所剩不多的树木。没错，这很烦人，但这是我们非线性人口增长不可避免的结果。

阈值

自然和人类世界普遍存在的相关非线性概念之一，就是**阈值**（threshold value）。这个词源自房子的门槛（一开始是区隔打谷场的木梁）：发生在房子外面的事无关紧要，但一旦你进到我的房子故技重施，你就小心一点。阈值就是当某件事低于此数值就无关紧要，必须超越这个值才会使什么发生。以下有四个例子：如何生火、时钟为什么会滴答响、猫洞与母牛。

如何生火。阈值出现在分子层级。化学反应出现前需要**活化能**（activation energy），即使是在自发反应（释放能量的反应，因此会自己发生）中，也需要在反应开始前有一点能量。其中一个例子就是燃烧。木头会和氧气反应制造出热能、水和二氧化碳。

但如果木头只是暴露于空气中，就什么都不会发生，要生火就需要火花。一旦火点燃了，就会持续燃烧，直到木头消耗殆尽为止，而火花就是活化能。

时钟为什么会滴答响。另一个阈值的例子就是电池供电时钟或手表的秒针。电力提供能量以移动秒针，但电压超过阈值秒针才会移动。这就是为什么秒针会滴答响，而不只是缓慢移动。电池快没电时，电压比较小，这可能造成秒针不再滴答响，整个时钟也逐渐慢下来。不久之后，这样的时钟就会变得十分不准确。但因为需要临界电压来移动秒针，所以每次接收到足够电压时，就会移动正确的数量。电压一旦不足，秒针就会停止。秒针可能会微微摆动，但不再滴答响。时钟就这样给予准确信息，直到电压低于阈值为止。

猫洞。一个如森林般的系统能忍受的废弃物也有阈值。约翰·缪尔（John Muir）沿着内华达山脉徒步时，他可以在任何地方大便，这没有关系，因为他的粪便低于森林能处理的阈值。但今天内华达山脉徒步的游客众多，他们必须挖猫洞（事实上这是国家公园管理局的官方条款）掩埋排泄物。在某些例子中，甚至发生徒步者的粪便太多连猫洞都无法容纳，因此国家公园管理局必须安装移动式厕所，抱着一丝希望，期待国会将来给他们足够的经费偶尔清理一下厕所。

母牛。另一个阈值的例子是牧场上的母牛。对所有牧场来说，母牛总数有一定的数量限制，可以放牧而不造成任何伤害。但一旦超过门槛，结果就是过度放牧。（还会有什么其他结果呢？）牛只吃优良牧草的速度会超过牧草长回去的速度。厚层的草根层之前和有害的杂草保持距离，杂草包括大戟草、乳草和水牛荨麻等。但这些杂草现在会在受到母牛破坏的草堆中长出来，然后非线性的过程就真的启动了。母牛并非以聪明著称，但它们也没有笨到吃大戟草、乳草和水牛荨麻。母牛会持续消耗牧草，而杂草会越长越多。杂草会开始排挤牧草，情况会越来越糟，牧场会以非线性的螺旋方式失去控制。过度放牧造成裸露的地方，土壤就会腐蚀。土壤已经腐蚀的地方无法长出好的牧草，反而会杂草丛生。杂草的根很浅，而且寿命很短，一旦死亡，腐蚀的情况就会变本加厉。

再重申一次，这在以前没有什么大不了，当时牛仔可以在好几百平方英里的大草原放牧牛只，或者之前野牛和美国原住民会在同一个大草原游荡。但现代的牧场主人必须仔细计算牛只的放牧率，以预防牧场退化。有些牧场主人的确做到了，但很多没做到。一旦达到牛只密度的界限，非线性的过程就会造成牧场快速退化。

发现曲线

以下是一个非线性过程的例子，你可以自己试试看。科学家很开心地称它为**发现曲线**（discovery curve）。[4] 如果你在外面散步，并计算看到的不同种类植物数目，你会预期线性的发现过程：走 10 分钟时发现特定数目的植物物种，在走 20 分钟时数目会变成两倍，但其实并不是那样。你环顾所站之处四周时，在任何时间间隔中你会看到最多的植物种类数目，一开始是正确的。继续往前走，你会看到新种类的植物，但随着时间流逝，种类就越来越少。

在写这段之前，我决定试试看。我沿着俄克拉何马塔尔萨的徒步步道走。步道穿过沿着河岸较受干扰的区域，然后到一个排水沟。（你会很惊讶有多少植物和动物物种生长在排水沟里。）我计算了在一开始的地方看到的植物科数目（科就是一群相近的植物物种。对我来说物种太多，无法个别记下），然后我走了 50 分钟。每隔 10 分钟，我就会记录看到多少之前没看到的新开花植物科。我计算的总数是 44。

我在时间间隔内看到的新植物科开始变得越来越少。我走路的前 10 分钟随便走就看到 12 科，然后看到 10 科。但在最后 10 分钟，我只看到 2 科新的植物科。

如果你想自己试试看，知道这些植物是什么会有所帮助。即使你不知道，你很可能还是有办法进行，只是要看如何辨认你之前没看到过哪种植物。赏鸟爱好者有相同的经验。他们在所站之处就可以看到大多数种类的鸟，但要是他们继续前行，看到的新种类的鸟就越来越少。（坐上车开到新的地方延续你的发现曲线并不公平，曲线只有固定在任一地点才有效。当然，赏鸟爱好者不会把关在笼子里的长尾鹦鹉纳入赏鸟清单，你应该和我一样，排除任何刻意栽种的植物。）假如你喜欢汽车，你不用植物或鸟类，利用它们就可以得出发现曲线。

观察者偏见可能会稍微扭曲发现曲线，我会在之后章节继续讨论。我一开始走路只是四处张望。到了最后，我到处攀爬，看任何我能看到的地方。也就是说，我的**观察密度**（observer intensity）并不一致，我越往前走密度越增加。但尽管观察密度如此变化，我的发现清单还是形成曲线，而非直线。

非线性的进化爆炸

如果你去看任何科学书籍的进化时间轴，最吸引你注意力的事物就是生物多样性增加的状况并不是线性的。单细胞生物在约 35 亿年前开始进化，但接下来 30 亿年，看起来却好像什么事也没发生过一样。假如你那时候到过地球，可能会看到海里有一片片的浮渣，几乎没有其他东西。这维持了 30 亿年！但大约 5 亿年前，多细胞生物数量及多样性突然爆发。[5] 而且爆发速度随时间增加，除了 2.5 亿年前和 6500 万年前两次大灭绝的事件打击地球时之外。你看**不**到的是物种数目和复杂度逐渐线性增加。

这是因为多细胞生物一旦开始进化，就会形成互动的网络。这些生物会造成彼此进一步多样化。最早的捕食性动物一进化，它们的猎物就会以很多方式跟着进化，保护自己，而这又会造成捕食性动物进化出新的方式吃这些猎物。最早的花一进化，昆虫就会进化出许多方式授粉，而这又会让花进化成新的类型，吸引不同的授粉者。[6] 物种的互动制造出反馈，启动了进化的爆发，持续到今日，而且将来速度会更快，除非人类或自然灾害造成另一次大灭绝事件。非线性的过程会影响所有星球。

罕见事件的影响

有时罕见的事会完全改变事件经过，造成与原事件的线性预测结果完全不同。我确定你可以从人类历史和时事想到很多例子。让我从进化史提出一个例子。

猴子在非洲进化。许多猴子（旧世界的猴子）的物种还在那里，但有些旧世界猴子的血脉进化成猿类。新世界（北美洲和南美洲）并没有猿类，但有新世界的猴子。这似乎可以合理推论，在大西洋形成之前，非洲与南美洲还连成一块大陆，猴子一度在现在的非洲和南美洲间自由穿梭。在那时，这两个族群才走上不同的进化之路。但结果这个解释也不是那么简单。遗传研究显示，新世界和旧世界猴子产生区别出现在大西洋形成**之后**。这代表非洲的猴子必须穿过大西洋抵达南美洲，然后进化成新世界的猴子。即使当时大西洋不像今天那么宽，但仍然是几乎不可能发生的惊人之事。或许从非洲来的植物形成浮板，冲上南美洲的海岸，上面就载着一些猴子。虽然很罕见，但已有人观察到这样的情况。[7]

非线性的火星死亡

地球的姊妹星球——火星的死亡过程是非线性的。

你想过为什么地球活着但火星死亡了吗？或许没有。一神论的宗教告诉我们，上帝在地球上而不是在火星上创造了生命，就是这样。但科学家并不满意"就是这样"的解释。

当然，或许火星以前并不是死的。诸多证据显示，火星以前有好几片液态水的海洋。火星上可能也有像细菌一样的有机体。[8]在太阳系历史的初期，地球和火星彼此差异并不大。然后有件事发生了，而且是非线性的事。

当然，火星比地球离太阳远。事实上，火星到太阳的距离是地球到太阳的 1.5 倍。这代表日照强度（随距离平方非线性变化）比地球弱 2.25 倍。因此，火星比地球寒冷并不意外。但这可能并不是一直这样。火星形成不久后，可能就有一层大多由二氧化碳组成的厚厚的大气层，造成惊人的温室效应，或许这足以让火星在 40 亿年前够温暖。今日，火星的大气层非常稀薄，但这样薄薄一层大气仍大多由二氧化碳组成，让火星不至于像没有大气层那样寒冷。火星夏季时，赤道的温度可以到达 20 摄氏度。[9]

火星的半径几乎刚好是地球一半，而重力大约是地球的 38%。我们可能会因此预期火星大气层密度大约是地球的 38%。但并不是这样。火星大气层密度还不到我们的 1%。（如果你听到火星上的风以每小时 600 英里的速度吹，不要假设感觉起来会像地球上时速 600 英里的风。）火星的大气层流失到哪里去了呢？

火星并没有比地球小很多，但显然小于阈值，无法维持地表之下熔岩的地幔。地幔足够冷却之后，便不再有任何岩浆流动。相较之下，地球地幔的岩浆仍持续流动。流动时，就制造出一种磁场，将大多数来自太阳的有害辐射（这称为"太阳风"）转向。

火星内部一冷却（对其地表温度影响极小，火星就像地球，由日照强度决定地表温度），就会丧失磁场，太阳风的冲击会带走大部分的大气层，包括几乎全部的水。火星地表下仍有一些水，但火星地表目前仍是干涸的。

这显然是火星死亡的过程。火星比地球小 50%，而且只有地球 38% 的重力，但这相较之下并不大的差异已足以造成火星死亡，地球生存下来。

人类的非线性灭绝

人类会有灭绝的一天吗？当然，至少在太阳扩大成红色的巨人，吞噬了所有内行星时会，但这是好几十亿年后才会发生的事（除非一些人类上了宇宙飞船，到了另一个星球，但这也是好几代人类之后的事）。但这可能会提早发生吗？或许就在几百年后。

一开始，人类提早灭亡看起来似乎不可能。人类创意无穷，而且已经想出如何在地球每一个栖息地生活的方式。

快速浏览探究人类灭绝的网站会发现，这些网站几乎都在讨论原因，如立刻造成人类全体死亡的核子浩劫或小行星。但我相信，这些网站都忽略了大多数人类会依赖全球社会的事实。人类几个分散的部落或许在文明崩溃后会存活一阵子，但紧接而来的就是人类灭绝。主要的人类适应问题就是文化。或许没有任何人类可以在少了其他人类的文化网络情况下存活，文化网络包括集体知识、互助等。[10] 我知道我没办法。你有办法吗？自称“生存主义者”的人一旦弹药用完就会死掉。万一全世界的人口变得太少，人口数就会急速下降，因为活下来的部落文化知识不足，即使地球并不致命或欠缺食物，他们也无法谋生。

尼安德特人（Neanderthals）是一个人类的物种，存在于**现代人种**出现之前，他们就是这样绝种的。约 3 万年前，现代的人类将尼安德特人赶出最好的土地。最后一群尼安德特人在恶劣的环境中想办法生存下来。他们死亡后，地球上仍有食物和其他资源，但他们人口规模太小，无法维系本身的文化，包括制造工具和打猎的技术。

人类灭绝不会以线性的方式发生。人口在一个门槛之下，人类就无法维持生存的文化，这以前就发生过。但没有人知道门槛是多少。

自己动手做

1. 做出你自己的发现曲线！

2. 想一个你周围的某种过程，你本来一直假设它是线性的，但结果呈指数增长，或有阈值。

第八章 这不是非黑即白

月亮上，全部都是黑色和白色。晚上是晚上，白天是白天，没有灰色地带。但在地球上，因为大气层分散了日光，所以会出现晨光与暮光的灰色阴影。地球具有多样性，科学也在研究多样性，上述只是几乎无数种呈现方式中的第一种。

但人类心灵并不是一直轻易就接受多样性。人类心灵有二元偏见，我们看待事物非黑即白，但科学必须抗拒这种偏见，就像抗拒其他许多偏见一样。即使人类心灵并未以二元的方式看待世界，也会以分类的方式看待：即使现实往往包含连续体而非各自独立的类别，我们仍喜欢将所有事物分类。二元思考是分类思考的两类别子集合。想知道一些分类和连续思考的例子吗？这就是本章涵盖的内容。

或许人类偏向分类思考是因为我们是两两对称的生物。我们有左右手、脚和很多其他东西，也有上和下、前和后。相较之下，水母就是放射对称，它有前和后，但除此之外其他部分都从中心点放射而出对称。如水母可以思考，它可能会将世界看成充满各种可能性，而不只是“这个”相对于“那个”。动物和人类祖先必须迅速决定是否该采取行动，如是否要逃离老虎，是否要吃某种食物，这可能是我们进化出二元思考的原因。生死攸关的决定往往是二元对立的，甚至对水母来说也是如此。

一方面，人类往往会将世界视为非黑即白，不是这个就是那个，非左即右，不是这里就是那里，非上即下，不是我们就是他们。另一方面（延续我二元对立的隐喻），我们也承认有许多多样性无法纳入分类思考的框架中。（世界上有两种人：会将事物分类的人和不会将事物分类的人。）人类常常努力在分类思考和连续思考间取得平衡，但这是假设我们能将所有思考分为分类思考或连续思考。

再者，二元对立也符合我们的公平感。记者就有强烈的偏见要“平衡双方报道”，即使有两方以上或其中一方显然行事荒唐也是如此。

微观世界中的多样性

在科学家研究的物理、化学、生物和人类世界中，少有事物在分类上是绝对的。极少数二元对立的事物之一就是原子粒子的电荷。电子具有负电荷，而质子具有正电荷。但连电荷都是一种夸克的衍生特性，而夸克就构成了电子和质子粒子。其他事物无论是可分类或连续的，都以许多不同可能性的形式存在。

以原子为例，“原子”一词代表**不可分割的事物**。原子会分裂，但一旦发生分裂，原子就会丧失其特性，所以“它们”不可能分裂但仍维持原样。我们可能会认为所有的碳原子都很类似，全都属于一种类别，但并不是这样。它们的原子核都有 6 个质子，大多数也会有 6 个中子（使它们成为 ^{12}C 或碳 -12）。但少数碳原子多了一个中子，重量更重（^{13}C 或碳 -13）。再更少数的碳原子多了 2 个中子，原子核变得不稳定，因此具有放射性（^{14}C 或碳 -14）。不同元素的同位素具有相同数目的质子，但中子的数目不同。同样地，纯粹的铁原子具有 26 个质子和 26 个电子。

但许多铁原子已经失去了它们的电子。亚铁离子失去了 2 个电子，而三价铁离子则失去了 3 个，这让它们具有不同的电荷。同一元素的不同离子具有相同数目的质子，但电子数目则不同。因此，每一种元素组成的类型都不同。

我们可能会想，在这些类别中，原子都很相似。但连这也不是完全正确，因为原子绝对不会独立存在。举例来说，思考一下 2 个氢原子和 1 个氧原子组成了水分子（H_2O）。分子内的原子都自由分享它们的电子，但也不能说完全自由。氧分子就是出了名的渴求电子。在水分子内，自由移动的电子时间大多花在氧原子上，而较少花在出了名软弱的氢原子上。水分子具有一个中性电荷，电荷中共有 18 个质子和 18 个电子，但它有三极：两个正氢极和一个负氧极。一个水分子的正极会吸引其他水分子的负极，让水分子稍微黏在一起。水分子的黏性是造成冰会漂浮的重要特性，也会使液态水最后煮沸前保留许多热度，并在蒸腾作用时通过植物将水往上拉。还有其他许多事物，少了这些事物，生命就不可能存在。这些“氢键”也将 DNA 的分子链结合在一起，强韧到足以保存分子完整性，但又宽松到足以让各链分解再重新聚集。（DNA 是细胞内储存遗传信息的分子。为了让这些信息可以供细胞使用或是传给下一代，分子链必须能够彼此分离，显示出其隐藏的信息。）因此，一个原子的特性取决于哪个或哪些其他的原子与其结合。

一个原子或分子可以互相改变，甚至不必结合也可以做到。用个隐喻来说，一个分子的电子可以吓跑其他邻近分子的电子，造成电荷差异，让分子可以互相吸引。这种“范德华力”（Van der Waals force）也让壁虎不用真的黏在墙上就可以爬上墙。2014 年，美国国防部高级研究计划局（Defense Advanced Research Projects Agency, DARPA）宣布要发展壁虎装，使用这样的力量让军人可以爬墙，就算不像壁虎一样轻而易举，也可以胜过其他军人。[1] 在每个原子的离子或同位素类别中，有一整个可能特性的连续体，这取决于其他可能与其结合的原子，甚至是那些恰好接近它的原子。

许多分子可以以一种以上的构造存在，就像彼此的镜像一样（这种分子只有两种可能的镜像，这可能是宇宙中除了电荷外，少数二元对立的性质之一）。这会造成很大的差异。“左旋”的氨基酸组成的蛋白质让我们维持生命，“右旋”的蛋白质则常有毒。左旋和右旋的氨基酸混合起来造成不稳定的蛋白质。因此，自然选择已经排除任何结合左旋和右旋形态的蛋白质。地球上的生命恰好是以左旋氨基酸开始，右旋氨基酸只好扮演坏人的角色。在火星的生命非线性死亡之前，火星上如果有蛋白质，或许就是由右旋氨基酸组成。

变化越来越多了。想一下有一堆同样种类的分子，电荷和左右旋都没有差异。分子集合在一起会具有特定温度，温度来自移动的能量，或分子的动能。但没有任何两个分子具有一模一样的动能。每个分子都有自己独特的能量状态，有些移动得多，有些移动得少。你可以把温度想成是分子的平均动能，但这不是严格数学定义下的平均。水一煮沸，平均动能就足以造成分子在液体中不再彼此黏合，自由地以气态移动飞散。但早在水煮沸之前，许多水分子就已有足够的能量可以蒸发。连冰都有一些水分子，可以进入气态，以美丽的科学术语来说，这种过程称为“升华”，但这种例子很罕见。所以甚至连一杯水里的水分子也有多样性，而且是连续的多样性。分子并不是属于动能的类别。

可能存在的分子种类数目理论上是无穷无尽。在真实世界中，这并非无穷无尽，但当然也超越人类心灵所能理解的范围，至少我无法理解。1976 年，我的有机化学拿了 C，后来每况愈下。

所以这就是多样性、多样性、多样性，且常是连续而非可分类——而且我们还只是在讲分子而已。

分子的功能也很多样。以下只是一个例子。神经细胞膜中的蛋白质通道打开，之前排除在外的钠离子得以快速进入神经细胞时，会发生神经冲动。但真正发生的是有些蛋白质通道打开，有些没有。只有这些蛋白质彼此达成某种相当比例共识，才会有足够的钠流入细胞，刺激神经冲动。蛋白质绝对不是永远都以同样的方式行动。

宏观世界中的多样性

即使是相同类型的细胞，也没有任何两个是完全一样的。以红细胞为例：红细胞构造很简单，差不多就是细胞膜里有血红素。红细胞平均存活 120 天，但就算有，也只有极少数红细胞真正存活 120 天。120 天是平均数字，有些存活 100 天，有些存活 140 天，有些存活几个小时，而有些可能存活了一年。红细胞中可以找到一连串的生命期，其他细胞也是。

顺道一提，人类的寿命也是如此。圣经说，人类会活 70 年。有些基本教义派人士接受了字面上的意义，认为自己到了 70 岁就会突然死亡。我不是在开玩笑。但每一群人，无论是家庭、城市、国家或种族，都有自己的平均寿命。近年来平均预期寿命增加，这主要不是因为最长寿命延长（即使在古代也一定有非常老的人），而是因为婴儿和儿童死亡率降低。这提高了人口平均死亡年龄。

就连一个有机体究竟死亡或活着也不完全是二元对立的状态。当然，死亡或活着也不完全是连续的状态。身体因为年老或受伤累积的破坏到了一个点，就会停止运作。死亡证明上的“死亡时间”并不只是所有原子、分子、细胞和器官运作或停止运作的平均数字。死亡的“时刻”并不是错觉，但也不是全然二元对立。“脑死亡”的人并不是真的大脑死亡，而是大脑唯一仍在运作的部分只剩脑干，还能维持呼吸、心跳和消化。大脑“死亡”的部分在代谢上是活着的，小脑和大脑的神经细胞会持续代谢，但也仅剩这样的功能了。那脑死亡的人还活着吗？某种程度上，现在死亡与否受科学支配。医疗干预可以刺激肺部来呼吸，心脏可以跳。在“死亡时刻”，许多代谢的过程仍持续在细胞层级进行至少几分钟。这就是为什么死人的血呈褐色，而不是红色：细胞会持续从血液吸取氧气，甚至在人停止呼吸后也会，除非那个人死于氰化物中毒。氰化物会阻止细胞使用氧气，因此，氰化物中毒的受害者死亡后血液呈鲜红色。[2]

同一物种的任何两个有机体不会完全一样。有时候两个个体可能是彼此的“复制品”，这代表他们的基因完全相同。(基因是“遗传学”的基础，是编码于 DNA 中的信息，而且可通过有性生殖代代相传。)复制最为人知的例子就是同卵双胞胎，但基因相同不保证“复制品”外观、行为或思考会一模一样。不同个体即使具备相同基因，出生前后也会有不同的经历。营养不良或受伤可能造成身体的改变，不同经验可能造成心理差异。有些物理经验（如营养不良）可能造成基因活动状态的差异，也就是基因使用的方式可能不同。因此具有相同基因的两个个体可能会以不同方式使用基因，而活动状态本身可以代代相传，这就是表现遗传学（epigenetics）这种惊人的新科学基础。考虑到所有这些身体和心理多样性的可能性，双胞胎成长过程时完全分开，而且不认识彼此，但还能够非常相像，这就很惊人了。有时候同卵双胞胎可以选择两人背道而驰，这或许是要有意识地肯定自己的个体性。有时候他们会选择互相模仿，这可能是要制造出陪伴感，或者只是想看我们一直把他们搞混时脸上的表情。

二元分类的偏见鼓励人类区分“我们”和“他们”。这样一来，我们往往会将两者同质化。我们会将敌人去人性化，认为他们都具有类似特质。但我们也会将自己去人性化，假设我们都很类似，或者至少应该要很类似。假如我们的敌人并未具有类似特质，假如我们了解了有些个体是好的、有些是坏的，我们就可能觉得把炸弹一视同仁扔在他们身上并不公平。而如果**我们**没有很像，麻烦的少数族群可能就会被分类成叛徒。以南北战争前的美国为例。并不是所有北方人都赞成废奴，事实上，有些人即使本身并未蓄奴，仍从奴隶制度中获利。北方人依法必须逮捕逃亡的奴隶，还给奴隶主人。也并不是所有南方人都会虐待奴隶，但南北间的冲突往往会压下双方少数分子的意见表达。北方同情奴隶制度的人和南方赞成废奴的人都保持沉默，社会困境常常会让人趋于一致。我们在目前的政治局势中就可以看到，和其他政党成员合作的温和派政治人物越来越少见。

或许同一分类中的社会均质化在种族认同的事务中最为明显。从其他星球来访的有智慧生物可能会对人类种族的概念深感困惑。种族并不完全是人为的建构，但种族分级常会隐藏许多多样性。但种族差异也不是非黑即白。究竟这世界有多少种族呢？举例而言，班图人（Bantu people）是黑人，他们的祖先来自西非，嘴唇较大，鼻子较扁。但桑人（San people）也是黑人，他们的祖先来自非洲南部，和班图人的五官极为不同，皮肤有时黄多于黑。衣索比亚的黑人脸较长，嘴唇较小，鼻子也较尖。之后会越来越复杂。

然后还有种族融合的问题。许多人都是混种的人，包括我自己。美国人口普查局（Census Bureau）直到最近才允许个人具有多重种族身份，这很让人惊讶。布莱恩·赛克斯（Bryan Sykes）解释，有些人认为自己是纯粹黑人或白人，结果发现自己的染色体藏有不同种族的DNA。[3]在俄克拉何马，我们就有黑人切罗基人（Cherokees）。

之后事情甚至变得更加复杂。

每个地球上的微生物、植物及动物物种都有基因甚至种族上的差异，我们甚至不知道地球上有多少物种。儿童时期，我以为某个地方有一个档案柜，所有的物种都记录在纸上。我怀疑那柜子是在史密森学会（Smithsonian Institution）中，而声音低沉的洛伦·埃斯莱（Loren Eiseley，他主持了一个关于史密森学会的节目，于星期六早上播出）有钥匙。但实际上并没有这种物种信息的储存库。像“网络生命大百科”（Encyclopedia of Life）这样的网站有每个已知物种的专属网页，但这些网站仍在进行未完工程，而且会永远进行下去。[4]生物学家估计，世界上可能有1000万有机体物种，这取决于你如何定义物种。生物学家试图将物种定义为自然世界中同物种彼此杂交的有机体，但有些物种本身会跨物种杂交。物种是真实的分类，但不是全然分离的分类。生物多样性就像布满块状物的肉汁，而块状物就是物种。

同样地，我们不可能分类物种间的生态关系。有一天早上，就像俄克拉何马日常的早上一样，我看到一些秃鹫飞过头顶。秃鹫是食腐动物，就是这样。但是真的是这样吗？秃鹫就像所有食腐动物一样，特别爱吃死掉动物的肉。死掉的动物不会反击或逃跑。但“食腐动物”并不是秃鹫的身份，只是它的专门领域。任何不会反击或逃跑的肉，就算动物还活着，也可以当作秃鹫的一餐。俄克拉何马的牧场主人一旦知道母牛准备生产，最好就把母牛放在畜舍，或牵到外面的牧场上，因为秃鹫会看准小牛生出来的时间。出生时间一到，秃鹫就会飞进来，开始一小口一小口啄新生牛身上脆弱的点，特别是眼睛和肛门。“食腐动物”是一种类别，但这种类别和“肉食性动物”之间有部分重叠。

同理，母牛和鹿显然在“草食性动物”的分类。母牛整天四处走动、哞哞叫和吃草。它们非常适应自己的草食性动物分类，胃里就有专门的细菌，协助它们消化牧草。吃草和吃其他植物是不同的草食性分类，而草食性动物可能专吃一种或其他种。一般而言，牛只会吃草而鹿会吃其他植物，但它们有时也会破坏草食性动物的分类。众所周知，牛会吃掉困在雾网的鸟的头，而俄克拉何马乡下养鸡的居民知道如何利用两层鸡网，保护小鸡不会被浣熊和鹿吃掉，不这样的话，鹿就会将口鼻伸到笼子里，大啖刚孵出的小鸡。松鼠会吃坚果。但假如松鼠被车碾过，另一只松鼠可能会跑向它，不是要向老朋友说再见，而是在下一辆车经过之前偷吃几口肉。

食腐动物和草食性动物是完全有效的分类。每一种物种都是有效的分类。但科学家承认分类几乎必然有缺陷，如草食性动物吃肉和两种不同物种彼此杂交。种族是具描述功能的有用分类，但现在大多数人承认每个人都是独特的基因组合。有些科学家认为种族最后会融合在一起，就像在夏威夷和巴西一样。[5]其他科学家则认为人类仍会持续偏向和具有同样外部种族特性的成员成为配偶，因此维持了种族独特性。但分类的纯粹性并不存在，包括食腐动物、草食性动物，人类种族尤其如此。

探索实体世界时，科学会拥抱各种层次的多样性。基于某些目的，必须在这样的多样性上强加秩序。我们无法完全确定我们对事物的分类是否正确，但这并不会妨碍我们研究它们。虽然没有任何两个人类会完全一样，但我们还是持续研究“人”的心理学和健康。并非所有的膜蛋白质都完全彼此相符，但这并不会阻碍神经冲动发生。科学家会测量温度，即使每个分子都有自己的动能层级。科学家会尽可能寻找模式、验证假设，不让多样性压垮我们。幸运的是，我们大多数人都喜爱多样性，无论是看到很多不同树种的自然多样性，或是各种族裔料理的多样性。

自己动手做

1. 想一件你一直认定始终不变的事，然后仔细检视其多样性，无论是你花园里的玫瑰或是显微镜下的盐结晶都可以。

2. 想读一本里面讲到无所不用其极，强迫将每个人依种族分类的小说吗？去读读马克·吐温的《傻瓜威尔逊》(*Pudd'nhead Wilson*)。

第九章 因和果

在日本，有些人会进行**森林浴**，也就是沐浴在森林的香气中。这种做法一般认为可以降低血压，并减少唾液中压力激素皮质醇的数量。[1]有些研究者将压力减少归功于挥发性化学物质，如树木释放的单松烯（monoterpenes）。[2]

这让我们与所有科学中最重要的观念之一面对面：相关不等于因果。两个变量可能相互有关系，如高血压和缺少单松烯，以及低血压和存在单松烯。但这并不是说单松烯会降低血压。我们的大脑会有偏见，将相互关系解释为因果关系，可以说是不经思考就这样做。

可能在森林里真正发生的是其他因素让人放松。单松烯并不是人们到森林里唯一感受到的事物。在其他所有方面，他们都很放松。没有忙碌的时间表、没有噪声、没有其他人，只有阴影和沙沙的声音。爱德华·威尔逊可能是世界上最知名的科学家，他率先称心灵感受到身处自然中的快乐为**热爱生命**（biophilia）。[3]这也是一种偏见：大家**预期**在森林中感到放松。噢，还有单松烯。研究人员注意到这个问题。他们在受控条件下，对实验室老鼠喂食单松烯，并发现和对照组相比，它们会产生和人类类似的生理效应。

统计分析本身无法解决这项问题。统计方法可以计算相关系数，告诉你是否显著，但仅止于此。所以虽然《新英格兰医学期刊》于2012年刊登了一篇论文，声称吃巧克力会让你变聪明（噢，我们不都这样希望吗），但作者看到的是虚假相关。[4]较聪明的人做的很多事和他人不同，显然其中包括吃巧克力。

多重因果关系和阶层式因果关系

人在森林里会因为多重原因而放松，其中一种可能是挥发性化学物质。这是**多重因果关系**的一个例子。

还有另外一种方式造成结果可能有一种以上的原因。这些原因可能以阶层方式彼此互为因果，而这就是**阶层式因果关系**（hierarchical causation）。假设有人拿枪要打你，你很自然就会说那个人要打你。但你也可以说枪要打你，或者子弹要打你，或化学及物理定律（将爆炸的动力加在子弹上）要打你。要是上帝真的掌管自然定律，你甚至可以说上帝要打你。这就是各阶层的原因。这听起来有点像“这是杰克盖的房子”。你知道的，就是歌词像下面这样的儿歌：“杰克盖的房子里有麦芽，麦芽被一只老鼠吃了，老鼠被一只猫咬死了，猫又被一条狗追了，这就是追猫的那条狗。”[5]这似乎很异想天开，但容我提醒你，数十亿的产业可能就建构在阶层式因果关系刻意扭曲的结果上。美国枪支游说就为美国境内好几亿的枪支辩护（估计数字从2亿到3亿不等[6]），声称“枪不会杀人，人才会”。当然，没有人会说枪从柜子里跑出来杀人，人才会用枪杀人。

现实由复杂的阶层式和多重因果关系层层组成。想象一下一个在路上遇到熊的徒步者。接下来会发生什么事？熊会攻击吗？还是会转身离开？攻击会致命，还是只会造成轻伤？有诸多因素同时在起作用，有些因素和个人相关。遇到熊的时候，那个人在做什么？还有其他人在场吗？那个人或那些人对熊采取什么行动？有可以吓跑熊的东西吗？另外就是和熊有关的因素。熊接下来会做什么取决于物种（黑熊可能比灰熊危险性低）、性别、情绪、饥饿状态、个别行为模式（显然有些熊精神失常）、附近有多少其他的熊、熊之前是否遇到过人类、面对人类经验好坏、熊在自己的族群是主宰者还是顺从者、熊是否看到或闻到人等。如果是母熊，它有没有小熊反应会很不一样。还有环境因素：反应可能取决于栖息地、时节、一天当中的时间等。当然，你没有时间去思考这些问题。有些人说遇到熊的时候，你应该让自己看起来块头大一点，但这只会让熊认为有更大块的肉等着它吃。

几乎到处都可以找到多重因果关系。举例来说，全球变暖造成温带的冬天较暖，带来的结果之一就是候鸟物种中有许多种类的鸟，现在因为冬天较短、较暖而待在家园。[7]但这不是唯一的原因。过去，鸟类必须在冬天迁徙才能找到食物，但现在成千上万的人有喂鸟器。或许有些鸟停止迁徙并不是因为冬天变暖，也是因为有了喂鸟器。喂鸟器不太可能对鸟类迁徙产生重大影响，因为它们能提供的食物明显少于整个鸟类族群所需。但喂鸟器是一些鸟停止迁徙的多重原因之一。

因相对于果

最后，有时候很难区别哪个因素是因、哪个是果。究竟何者为因、何者为果可能对世界关系重大。大家都知道，人口增长率高的国家贫穷问题也很严重。（这并不是说这些国家很贫穷。它们可能有一小群富裕的上层阶级，但许多人很贫穷，形成了多数人觉得心安的平均富裕程度。）顺理成章的假设是：人会贫穷是因为小孩太多。但如果真是这样，人类未来将会一片黯淡。要是你把食物和医药给了穷人，他们就会有更多小孩，最后你们贫穷的程度就会一样，只是多了更多穷人。想解决贫困问题的方法最后只会制造更多贫困。这是经济学家肯尼斯·博尔丁（Kenneth Boulding）所说的“完全悲观的定理”。[8]

但要是扭转因果关系，认为贫穷造成高出生率呢？这一开始听起来很荒谬，但设想一个住在乡下的家庭，他们没有任何经济保障，健康也堪虑。假如这种家庭只有两个孩子，可能都会死掉。在较多孩子的家庭中，有可能其中一个会找到好工作，给整个家庭提供资源。要是这听起来还是很不可思议，那就思考一下自然选择的问题，本书接下来有一章就在讨论自然选择。自然选择会奖赏个人而非团体。人口过多的国家可能会很贫困，但自然选择会有利于在竞争游戏中获胜的个人（及家庭）。如果真是这样，提供食物和医药实际上就会造成出生率下降，因为父母会选择少生一点孩子。（这也预设社会中可以这样选择，如有节育措施。）

事实是贫穷和高出生率彼此相关，但我们无法单就相关性区别何者为因、何者为果。这需要实验验证，而实验已在无意中完成。像美国这样的国家一直无法置身事外，容许印度和大多数非洲国家的人民受苦受难。所以即使有加剧人口爆炸的风险，他们还是提供了食物和医药。结果呢？过去几十年来，世界上几乎每个国家出生率都**下降**。[9]因此，贫穷造成人口爆炸，而一旦对抗了贫穷，也帮助解决了人口的问题。这是好消息。亲爱的朋友，抓住这一点，因为我们必须尽可能获得好消息。在某些地区，世界性的贫穷正在减少，现在在印度已经很少见挨饿的情况。世界人口增长已经趋于平稳，但要不是人口已经让地球承受过大压力，生态系统失灵，也不会有这样的一天。

有时候因果关系的箭头是双向的。出现这样的状况就要小心了。我们称之为“恶性循环”。其中一个重要例子和全球变暖有关。温度升高造成极冰融化，但冰一融化，极地的土地和海洋就会吸收更多光，反射的光变少，造成极地环境变暖。全球变暖造成冰融化，冰融化造成全球变暖，接着又造成更多冰融化，然后一直不断循环下去，没有人知道会在哪里停下来。我以前会担心人口爆炸的问题，现在我担心的是这一点。当然，人口增长会加剧全球变暖。酒拿过来！

2014 年，一篇文章出现在《科学》（*Science*）期刊上，这是因果关系来回网络特别有趣的例子，[10] 和农业起源有关。

首先，我先说一下农业起源的背景。大多数人假设农业是人类所发明的，尤其可能是某个聪明的男性在古代近东时的某个下午发明出来的。他对自己说："我们四处采集野生种子，这代表我们必须一直移动。但如果我们种下种子，种子长成下一代的植物，我们就可以待在家吃这些植物。"因此不仅农业诞生，村庄生活也因应而起。这个故事称为农业起源的"聪明男性"理论。然后有其他人指出实际上是女性采集了大多数的谷物、水果、块茎和坚果。所以女性必然发明了农业。这就是"聪明女性"理论。

但农业起源必然是较循序渐进的过程。[11] 思考一下栽培小麦的起源，小麦就是最早的欧亚大陆作物。假如有人尝试栽种野生种子，这些种子会长不出来。野生谷物中包含发芽抑制物质。此外，野生谷物的种子会从茎掉下来，你必须在种子掉到泥土前采集好。再者，相较于现代小麦饱满的谷粒，野生谷物往往较小。这些状况都会对农业造成极大不便。所以如果一个聪明的男性或女性尝试利用野生谷物发明农业，最后必然失败。但显然发生的是采集野生谷物的人倾向采集较大的谷物，而且这些谷物还没有从茎掉下来。也就是说，他们采集的谷物并不是随机采到的野生谷物，这些谷物都比较大，收成时还附在茎上成长。他们搬到新地点时，就把这些种子带着。一代传一代，他们采集到的种子就越接近我们现代的作物。几百年后，他们改良了野生谷物，准备好以真正的农业进行成功的实验。

无论如何开始，人类都**导致**野生植物转变为作物。然后呢？植物**导致**人类改变。动物一般而言会使用称为“淀粉酶”（amylaze）的酵素，这样就可以消化淀粉。栽培谷物比野生水果和坚果淀粉含量高。因此，靠农业过活的人和继续靠野生食物过活的人相比，就进化出制造更多淀粉酶的能力。今日，比起吃较多野生水果和坚果而基因相似的西伯利亚人，吃很多米的日本人就有比较多的淀粉酶基因复本。[12] 人类造成植物进化，植物也造成人类进化。

这只是背景。现在回到2014年那篇文章的新结论，植物对人类进化的影响尚未结束，作物本身对人类**社会**进化造成重大影响。小麦是一种农民可以自行栽种的谷物，但稻米这种作物虽然光靠一个人就可以栽种，但如果全村的人一起工作，灌满稻田并移植水稻，生产力就会高很多。因此，标准心理学测验测量出在中国生产小麦的地区，人民的思维和行动会较个人主义，而生产稻米的地区人民较具族群意识。这甚至展现在生产小麦地区比生产稻米地区离婚率高的状况。需要整个村庄才能养一个孩子吗？如果你的粮食系统是以稻米为基础，当然是这样，但如果你的农业以小麦为主，可能就不尽然了。

农业因果关系的箭头有两头：人改良了植物，而植物在生理学上和社会学上也改进了人。一般认为因和果是科学最基本的概念，但诚如我们目前所见，在许多例子中，两个或两个以上的过程可能互为因果。

一个知名科学家的著名例子

莱纳斯·鲍林（Linus Pauling）是有史以来最知名的科学家之一，他就把相关和因果搞混了。他误下结论说维生素C可以预防感冒。[13] 两者有清楚的相互关系：吃维生素 C 营养补充品的人平均比没有吃的人少感冒。但吃维生素 C 营养补充品的人除了吃维生素 C 之外，还有很多其他健康的习惯，他们也会吃其他营养补充品。一般而言，他们往往更注意健康。他们会运动、注意饮食，从公众场合回来后会洗手。感冒发生机会较小可能是这些其他因素之一或几个因素结合带来的结果。也就是说，维生素 C 可能只是他们少感冒的许多原因之一而已，也可能根本不是重要的促成因素。鲍林误以为相关即是因果。虽然他引用了一些他相信设计良好的研究，[14] 但这些研究大多未确认维生素 C 本身可以治疗感冒。[15]

我们在本章可以看到，要辨识自然和人类世界中的因和果并不如我们以为的那么容易。科学家花了很多时间、精力设法避免得出以虚假相关为基础的结论。

自己动手做

想一个你一直认为很单纯直接的因，再想出其他可能也是因的要素。

第十章　猫咪巴多罗缪聪明吗？

小孩子自然而然就会想知道什么原因导致事情发生。人类知识，包括科学在内，就是基于这种心理核心。但小孩子能够理解的因果关系类型，是许多原始社会整个信仰体系的基础，对我们来说也是唾手可得，不过这种因果关系和科学对这世界的理解大不相同。

处处见智慧

我们随时都会看到人在做各种事情。因此，我们看到某件事发生，就算没看到人，仍会猜测是人为造成的，这样的假设并不过分。若古代人感觉到风在吹，就以为一定有人在吹气。圣经以古希伯来文和古希腊文书写，在这两种语言中，代表风、呼吸和灵魂的词都是一样的（希伯来文是用 ruach，而希腊文则是用 pneuma）。上帝的灵魂是什么样子？耶稣说你可以听到树林里的风声，那就是上帝灵魂的模样。全世界民族的神话都将自然现象归于众神，包括雷电、下雨、春天野花的成长等。在很多例子中，众神的行动变幻莫测，就像人类一样。

而这也是科学家必须抵抗的人类自然而然的偏见：**媒介**（agency）的偏见。我们往往会认为有智慧的媒介造成事物发生。

西方宗教逐渐放弃上帝直接造成每项自然过程的信念，但这种偏见深植我们的心灵，至少在我们使用比喻时会出现。一般的冬季气象报告会说温度“上升不超过20华氏度”。

随时间过去，大家开始不满超自然媒介的说法。世界上发生的许多事实际上并不是变幻莫测的。希腊神话中，希腊人称为“亥伯龙神”（Hyperion）的太阳神驾驶战车穿过天空。亥伯龙神年复一年总是驾驶战车经过完全一样的路线，他不会觉得无聊吗？他的行为举止不太像神，反而像构造繁复的水车，总是以同样的方式嘎嘎嘎地转。即使在最早的文明中，天文学家也会观察天空，他们知道可以依星辰移动规划农时。

除非你没办法这样。有些年比较寒冷。但即使是那样的时候，农时还是有规律可循的。你可以观察树林中春芽萌发的过程，这是一个相当可靠的指标，告诉你那年温暖的气候何时会到来。圣经中，耶稣说无花果一发芽，即使每年的日期不一样，（推论后）你还是可以知道冬天终于结束。我实际研究了春芽萌发，包括桑葚（和无花果是近亲）的芽，可以确认耶稣的说法正确。在我的资料集中，榆树发芽后就会出现霜，但绝对不会是在桑树发芽后。耶稣也说如果天空在早上是红色的，你就知道暴风雨即将来临。这并不是暴风雨之神反复无常。耶稣说这些事时，并不是展现超自然的智慧，只是诉诸他周围每个人已经知道的事。

数学家和天文学家开始找出许多一再出现的天文事件的完全可预测性，甚至是极少发生的金星凌日。但这并不代表人就停止将事物归因于众神，他们只是开始认为上帝或其他神导致事件发生，但不一定需要一件一件促成。这种宗教观点今日还是存在。大多数信教的人相信上帝控制了重力定律，而不是控制每颗星星和每片树叶掉落。

但许多信教的人不愿意将这种认知延伸到过去。他们相信上帝必然在过去就创造了万物现在的面貌，然后让万物开始运作，就像制造时钟的钟表商一样，先把钟上紧发条，然后让它运转。神创论者相信自然法则解释了今日发生的事，但无法解释万物起源。许多人一心持有这种观点，会直接找证据证明地球已存在几十亿年，而且各种有机体有进化上的祖先，但实际上他们看不到证据。

我并不是要嘲弄这样的人。他们只是表现出媒介的偏见，而人类一直在这样做。科学家也可能落入这种陷阱。现代科学中，发生这种状况最常见的方式就是我们假设动物、甚至植物具有智慧，但实际上可能并不是这样。[1]

有智慧的植物?

许多有机体具有智慧可能是一种错觉，甚至是幻想，造成的原因是人类会以智慧适应世界。但其他种类的有机体会以不同方式适应这个世界，但我们不一定会称这些方式为智慧。我会将智慧定义为一种心理过程，过程中会将数据从世界中撷取出来，与已储存的信息比较，以此达到结论，知道应该怎么办，**而且**多少意识到这样的过程。

以树木为例。树木似乎知道很多事。树干一直向上生长，树根则一直向下生长。它们怎么知道这样做？当然，它们不是真的知道，它们只是回应环境。小淀粉粒会沉积在它们的细胞内以回应重力，并“告诉”细胞哪个方向往下，这就像我们耳朵半规管中布满矿物质的小细丝会“告诉”我们哪个方向往下。植物会制造荷尔蒙回应这种信息，而我们会用大脑回应。

植物没有大脑，也没有智慧。有些科学家和科学作家说植物有智慧，但这只是扩大了智慧的定义，代表任何回应环境的有利方式。你也可以说恒温器有智慧，因为它“知道”何时开关暖通空调系统。为了回应重力，根只是对自己“说”：“往淀粉粒去的方向生长。”他们利用从环境而来的信息，并与基因指令相比较，但称这是智慧就过度延伸这种概念了。[但有些植物的反应很复杂，或许可以视为丹尼尔·查莫维茨（Daniel Chamovitz）所解释的“原始智慧”（proto-intelligence）。][2]

没错，我就是在说植物很笨。虽然我是植物学家、研究植物而且喜爱植物，但我还是会这么说。我并不是说它们很愚蠢。愚蠢代表做了你应该知道不对的事。但植物很笨是因为它们做了一些事情，但并不知道正在做什么。当我们看到树叶向着太阳生长时，往往会认定树叶有智慧，好像是它们决定向着太阳的方向生长一样，因为我们要是叶子，就会这样做。

说植物很笨并不是贬低它们可以做到的惊人之举。某一天，我和太太沿着河走，我们看着一棵看过很多次的树，但这一次更仔细观察，发现这实际上是同一物种的两棵树长在一起。我太太说这是两棵树，而不是一棵树在生长初期分成两棵，因为两棵融合在一起的树干都各自有不同的根，一棵树的根长在另一棵树根的下面或上面。这两棵树看起来像一棵，但原因非常简单：树枝会向光生长。因此，两棵树邻近彼此时，长在**远离另一棵树**那面的树枝就是会生长的树枝。

另一件让人认为树有智慧的事是它们会沟通。假如动物开始吃一棵树的树叶，那棵树就会通过根部往下传送缓慢的电脉冲。这种电波的信息可以经过菌根，进入其他树的树根，其他树会开始在树叶中制造毒素。树会“告诉”其他树，草食性动物来了。一则法国新闻提到：“树有智慧？读完这则报道后，你就再也不会怀疑了。”[3] 这实际上是一种复杂的沟通机制，但树并不知道自己在做什么。

有时候智慧并不值得那个价钱。智慧需要大脑，而大脑很昂贵。替代智慧的方式，甚至会达到更好的结果，如植物单纯的生长反应。假如上面提到的那两棵长在一起的树是有智慧的人类，它们就比较难想出树枝和根可以生长在哪里，就会像两个同住一间公寓结果吵架的人一样。但这两棵树遵循单纯的原则，不假思索，所以达到完美的解决方式。

有智慧的蚂蚁？

然后还有蚂蚁。它们替代人类智慧的方式惊人地有效。蚂蚁是世界上最神秘的研究主题之一。它们几乎到处生长，每个人都认识蚂蚁——或者以为自己认识。每只蚂蚁都很小，而且并不是太聪明，但蚁群就表现出大多数人觉得毛骨悚然的智慧形式。

有一天上班前，我把一个装满洋芋片的袋子封起来，放在冰箱上方。当时我还很爱吃洋芋片。我以为蚂蚁应该没办法碰到洋芋片。但我一回家，就发现有一大群蚂蚁从门里跑出来，爬上墙，经过袋子碰到墙的那个很小很小的点，然后爬进袋子里。它们怎么办到的？它们怎么知道洋芋片在哪里？你可能猜是因为味道，那一定和味道有点关系。但它们怎么找到袋子和墙之间那个小到不能再小的接触点？

事实上，我不会将这定义为智慧。单一一只蚂蚁几乎没有称得上智慧的东西。觅食的蚂蚁（相对于捍卫蚁窝或照顾幼蚁的蚂蚁）会遵循 3 个极其简单的规则：

- 随意四处走动找寻食物。
- 假如找到食物，就咬一口，然后直接回家，留下一条有味道的路径。
- 假如发现其他蚂蚁留下的有味道路径，就停止四处走动，沿这条路找到食物，咬一口，然后沿着路径回家，留下一条有味道的路径。

假如有一只蚂蚁找到食物，其他蚂蚁跟着有味道的路径并不会花太久时间，然后这条路径就成了有味道的超级高速公路，整个蚁窝所有的蚂蚁注意力都集中在此。混乱地走会转变为有秩序地觅食。[4] 我们可以把这想成一种集体的智慧形式。你甚至可以把蚁窝视为一种有机体，一种威尔逊所称的**超级有机体**（superorganism）。[5]

因此，蚂蚁和我们回应这世界的方式非常不同。远古的猎人会先思考现在或之后哪里会有猎物，而蚂蚁只是遵循像机器人一样的规则。这是不同类型的心理适应，但这很有效。昆虫欠缺智慧，所以就以数量取胜。威尔斯（H. G. Wells）写《蚂蚁帝国》（*Empire of the Ants*）时就了解了这一点。达芙妮·杜穆里埃（Daphne Du Maurier）写《鸟》（*The Birds*）时也运用了这种概念。鸟类是最有智慧的动物之一，但在杜穆里埃的故事中，它们一大群攻击人类并不是**有计划**要摧毁我们，只是遵循了几十亿年来的进化指令。

人类往往会把动物想得比它们实际上有智慧。我想的是杰克·伦敦（Jack London）《野性的呼唤》（*Call of the Wild*）里的狗——巴克（Buck）。虽然伦敦非常努力赋予巴克和人类不一样的智慧形式，但巴克还是不太可能知道所有那些伦敦加诸它身上的事。另外，我们也不想过于反其道而行。哺乳动物和鸟类都具有所有不同等级的智慧，而且它们不是机器人（虽然个别的蚂蚁可能是）。哺乳动物或鸟类和像机器人一样的昆虫差异在于，前者一再重复做一样的事可能会觉得厌烦，机器人和昆虫则不会。

自觉和同理心

虽然这听起来可能很惊人，但许多科学家，包括勒内·笛卡儿（René Descartes）在内，都曾以为哺乳类动物不会觉得疼痛。它们的行为可能看起来像觉得痛，但他说这只是它们的反射性动作。假如笛卡儿活在今天，就会把它们描述成机器人。到了20世纪左右，科学才否定这样的假设，开始把动物当作有知觉的生物，虽然并不是非常有智慧，但实际上可以感觉到疼痛。

但我们对智慧的定义可能不仅于此。我们可能会希望纳入自觉的能力，这种能力只有人类和其他一些物种拥有。许多人会用猫作为例子，其中包括我非常亲近的人。他们说猫是具有自觉的生物。任何拥有猫或成为猫奴的人都会试着这样做。我并不是说你的猫——巴多罗缪（Bartholo-meow）没有自觉，我只是说你没办法证明。巴多罗缪并不一定爱你（抱歉），而只是希望从你那里获得温饱，而且潜意识知道发出呼噜声就能遂其所愿。

没有人知道要如何决定动物是否具有自觉。但已经有人尝试过两种非常有趣的方法。第一种是**镜子测验**。动物认得镜子中的自己吗？或者会认定镜中的影像是其他动物？大多数鸟类无法通过测验。它们看到自己镜中的影像会发动攻击。美国几个城市中，鸟类已经发现如果它们站在后视镜上，身体往前倾，就会找到另一只鸟，然后就会攻击这只鸟。它们可能会弄破后视镜。鸟类无法理解它们犯的错，所以会互相模仿。很快全市的鸟就会这样做，市民必须在汽车无人看管时，用塑料袋把后视镜包起来。[6] 整整两年，一只公北美红雀在春天的交配季节时，每天清晨攻击自己在我浴室窗户的反射影像。

将镜子测验稍加变化的测验就是**腮红测验**。这常常是“镜子测验”一词的意思。把一些化妆品擦在哺乳类动物肩膀上——它们看不到的地方，然后让动物看镜子。如果它有自觉，在看镜子时就会把腮红擦掉。它知道镜子里的影像是自己，也知道有东西在皮肤上或毛发上。现在你可能会问："你怎么知道它们不只是感觉到有化妆品，然后想办法擦掉？"研究者把一些看不见的饰底乳擦在另一边的肩膀上，这种饰底乳感觉起来像腮红，但镜子里看不到，有自觉的哺乳类动物只会去擦腮红。结果猿类（黑猩猩、倭黑猩猩、红毛猩猩、大猩猩，当然还有人类）都以这种方式测量出具有自觉。虎鲸和瓶鼻海豚也是。[7] 虽然我上面有对鸟类智慧的评语，但欧洲喜鹊仍通过了测验。根据贝恩德·海因里希（Bernd Heinrich）和其他人的著作，乌鸦、喜鹊和它们的近亲都相当有智慧。[8] 乌鸦甚至会记得过去威胁过他们的人的脸孔。[9]

还有大象。大象聪明到令人不安。[10] 我说不安是因为它们的心灵世界比我们许多人认为的还要接近我们。它们不只能认得象群里个别的大象（许多动物可以做到这一点），还能够记得它们。一位研究者回放象群中刚死亡的年长母象的声音，有些较年轻的大象表现得好像在哀悼一样。这代表它们能意识到死亡吗？或者至少会思念老大象，觉得它在别的地方？

有同理心的老鼠？

我不知道科学家如何回答关于大象的那些问题。但有一群科学家准备好要告诉我们老鼠有同理心。[11] 我来说个明白吧。

要显示老鼠表现出不舒服的征兆很容易。看到另一只老鼠疼痛时，它会扭动、翻滚作为回应——这是科学家论证的第一件事。他们将两只老鼠放在不同的塑料容器中，这两个容器大小只够它们移动，没办法让它们转身。然后科学家用针筒戳其中一只老鼠以刺激它，针筒里装的是稀释后的醋酸溶液。当然，科学家必须发明方法测量老鼠扭动的程度。其他利用其他动物物种研究的研究者则使用标准化方式，量化动物不舒服时皱眉的程度。他们说这是痛苦表情量表，[12] 研究老鼠的人也采用类似方法。

为了回应看到一只老鼠扭动，另一只老鼠往往也会扭动或翻滚。（甚至连你使用的词都会显示出你是否认为老鼠会经历痛苦的潜在偏见。）科学家知道视觉诱发扭动的反应，因为他们使用不透明的塑料桶时，老鼠看不到彼此，就不会产生反应，至少不会超过一般老鼠在塑料桶中本来就常会有的扭动幅度。

科学家知道视觉是老鼠沟通的方法，因为耳聋的老鼠或闻不到味道的老鼠仍然可以回应其他老鼠的痛苦。

但就因为一只老鼠看到另一只痛苦的老鼠而扭动身体，并不代表它有同理心。它可能只是感到恐惧，担心同样的事情会发生在自己身上，这并不需要很大的大脑就可以办到。要如何区别同理心和恐惧？

假如老鼠会形成具有同理心的关系，它们最可能和养在同一个笼子里的其他老鼠发展出这样的关系。同样的塑料盒上面铺着木屑，里面还有水壶，这就是实验室老鼠的整个世界了。你无法在没有同理心能力的老鼠中制造出同理心，你也无法消除有能力的老鼠的同理心。但你可以合理预期养在同一个笼子里的老鼠（笼友）会对彼此有**较多**同理心。

科学家进行扭动测验时，发现比起观看“陌生老鼠”被戳、受到刺激，老鼠显然更容易在看到笼友被如此对待时以扭动作为回应。但并不是说看到笼友遭受这种待遇一定会扭动，看到陌生老鼠就不会。然而，它们扭动的程度的确有显著差异。科学家的结论是老鼠可以发展出同理心，或许不是对其他老鼠一视同仁，而是对生长在同一个笼子里的老鼠会这样。

利他主义（会在之后章节更完整讨论）是你的作为，同理心是你的感觉，而同理心会强化利他的行为。假如具同理心的能力是人格的指标，那老鼠至少相距不远了。我怀疑所有群居的哺乳动物都能感觉到同理心。狗当然可以，它们甚至会对人感觉到同理心，就像人也会对狗有同理心一样。但猫呢？相较于狗和人类，猫比较独来独往。但据我观察，它们的同理心至少和老鼠差不多。同窝出生的猫遭受伤害时，它们可能会非常生气难过。我认为这总有方法可以用某种实验测试。但你曾试着要把猫放进塑料桶里吗？

告诉我为什么

科学家抗拒媒介的偏见。他们不满意回答每个问题的答案都是“上帝的杰作”。这就是为什么许多科学家对那首老歌《告诉我为什么》（Tell Me Why）觉得不舒服。

告诉我为什么星星会闪烁，
告诉我为什么常春藤会缠绕在一起，
告诉我为什么天空如此湛蓝，
然后我就会告诉你为什么我爱你。

科学家很容易受到诱惑而说出：“星星闪烁是因为 $E = mc^2$ 这个公式描述的热核反应！常春藤会缠绕在一起是因为茎的一边接触到物体时，伸展的程度就会小于另一边，这种过程称为（我不是凭空捏造的）‘向触性’（thigmotropism）！天空是蓝色的是因为大气中分子造成光子的瑞利散射（Rayleigh scattering）！”[13] 然而，那首歌只说这些事全部都是上帝做的。因为上帝创造了你，所以我爱你。

但更深层来说，究竟这世界为什么会存在？为什么有星星、常春藤和天空？许多有信仰的科学家用“为什么所有事物都存在而不是不存在”的问题搪塞过去。对他们来说，上帝是一切存在最终的根基。关于这点，科学完全无话可说。

自己动手做

找出一个动物有智慧的例子，如知更鸟会在你割完草之后寻找昆虫。然后将其解释为一种动物的单纯反应，而不是有原因的反应。

第十一章 测量你认为正在测量的事物

科学研究一再出现的问题之一，就是我们如何知道正在测量的事物，真的是我们认为正在测量的事物？如前面所提，这指的是科学研究的**效度**（validity）。一项科学研究的效度就是这项研究的说法和意图一致。我之前简单提过这个概念，现在该是更仔细检视的时候了。

建构效度

最重要的效度类型之一就是**建构效度**（construct validity）。你测量的变量忠实代表你想要了解的概念吗？你**建构**的测量方法，是否真正告诉你你想知道的事物？

这可能是和气温一样简单的事。我们可能会想，要测量气温只要把温度计放在外面就好。较热的空气会让温度计中的液体膨胀，进而导致小毛细管中的液面上升。还能更简单吗？但假如阳光照在温度计上，温度计就会吸收光，变得比空气热，如此一来温度计就不再是测量气温。你可以换个方式，把温度计放在盒子里。但假如盒子是深色，就会吸收阳光，让盒子里的空气变热，如此一来你就不再是测量盒子外面的气温。要以有效的方式测量温度，应该把温度计放在白色而且打开的盒子里，这就是为什么气象学家把他们的温度计放在通风的白色盒子里。我确定你在气象台看过这些盒子。白盒子上面常有小的旋转杯组（风速计）测量风速。

从温度计得出的测量结果是客观的，代表这不会受到观察者影响。但根据观察者感觉的主观测量结果有时候也有用。像“外面冷吗？”这样简单的问题为了对你产生用处（帮助你决定是否要穿外套），就取决于大量的客观测量结果：气温、风速、体热产生量等。如果你身体的核心温度偏低，整个身体在那样的气温下就会觉得冷，否则你会觉得温暖。但如果你走到室外决定“冷不冷”，你的大脑实际上就在执行一种复杂的潜意识计算，将这些所有因素纳入考量。这种主观的测量结果可能比任何促成因素更具有建构效度，能帮助你决定是否要穿外套。

外面是否会觉得冷甚至可能取决于你有没有在喝酒。酒精会造成皮肤上动脉附近的小肌肉放松，让更多血液流进皮肤。这会让你的皮肤变热，皮肤上的热感受器会告诉你的大脑你变热了。但代价是这会丧失你身体核心的热，在你觉得冷的时候喝酒实际上是很糟糕的主意。因此，主观测量也可能比客观测量多或少一些建构效度。

建构效度可能受到像如何测量毒性这样概念简单的事物挑战。如果我们说某一种化学物质有毒是什么意思呢？有多毒？我们必须测量化学物质对我们有兴趣的有机体类型产生哪些影响。假如我们有兴趣的是对人类造成的毒性，我们通常会测量化学物质对老鼠的影响，它们在生理学上与我们类似。但要对大量老鼠进行实验耗时又耗资金。科学家可能选择对一种简单的动物进行初步的毒性研究，而这种动物可以大量繁殖（有时候会使用小型的水生无脊椎动物），之后才对数量较少的老鼠进行研究。[1]

最重要的科学研究处理了难以测量的变量，人类健康就是一个完美的例子。什么是健康？我们对健康都有一个大致的印象，但没有任何叫健康测量器的东西，也没有任何公制单位可以衡量健康。我们必须以一些可测量的数据用于这个普遍的概念。

建构效度和健康

在植物和昆虫的研究中，你可以有效假设如果它们比较重，就较健康。这是因为就我所知，植物和昆虫从来不会过重。

首先想一想植物。在我对植物的研究中，一般都假设物种中最大的植物最健康。（当然将小草和大树相比并不公平。）但即使比较同一物种内的植物重量也不是必然有效。有一位叫作艾卡德·高卢（Eckard Gauhl）的植物学家研究了同一物种中，他认为耐阳性和适阴性的植物。[2] 也就是说，自然选择制造出这种物种中的两组植物：在阳光下生长较佳的和在阴影中生长较佳的植物。他指出耐阳性的植物在阳光下比在阴影中长得好，而适阴性的植物在阳光下生长时看起来会像生病一样。从表面上来看，这很有道理。你很清楚如果你把非洲堇在艳阳下曝晒，它们会变成褐色，然后枯萎。但结果高卢的“适阴性植物”受到病毒感染，“耐阳性植物”则没有。他的“适阴性植物”在阴影下比在阳光下长得好并不是因为它们具有适阴性的生理，而是因为大太阳的条件会暴露病毒造成的疾病。重量是衡量健康的有效方式，但并不是高卢假设的那种健康。他在其他植物学家发现他的错误之前就已经过世了。[3]

我做了一项研究，称了烟草天蛾的重量，以此测量了不同种类树叶的毒性。[4] 烟草天蛾是一种毛虫（属于两个关系密切的物种），会吃西红柿、烟草甚至有毒曼陀罗植物的叶子。它们是园丁的眼中钉，像手指一样大，有绿色的外表，以及黑白条纹和尖头的红尾巴，看起来就像生日蜡烛，尾端有红色的芯。后来发现可以在小树脂玻璃瓶里养烟草天蛾，然后喂它们吃特制的烟草天蛾食物。也就是说，它们不需要吃西红柿或烟草的叶子。在玻璃瓶中，小的烟草天蛾会长大，吃光食物。必须要做的就是偶尔把排泄物舀出来，它们长大后就可以称重。为了要称重，要清洗、晾干它们，然后把它们放在天平上，在它们爬走之前记下重量。这表示说就算它们啃你的手指（它们无法真的咬穿你的皮肤），你也必须小心对待它们。我把你吓坏了吗？如果没有，或许你可以成为科学家。

所以，在我其中一个实验中，我希望比较两种不同植物来源原料的毒性。这些并不是烟草天蛾平常会吃的食物，但如果你碾碎混在它们的食物中，它们还是会吃掉。我发现毒性较强的植物原料会让烟草天蛾长得较慢，最后的体重也较轻，而且也会让它们从亮绿色变成不健康的蓝色。越重的烟草天蛾越健康。

但你不能假设越重的哺乳类动物就比较健康。健康的人的体重会在最佳范围之内，不会太重，也不会太轻。若体重对人类有建构效度，就必须落入那个范围之内。我们将最佳范围用于许多不同种类的健康测量中：血糖水平、血压、白细胞数、视觉灵敏度等。并没有一个单一的最佳测量结果，只有一个范围，这还包含了正常人口的变化性。

建构效度和经济

测量经济的健康状况并非像利用重量测量老鼠或人类健康般有效，但我们一般要测量经济的健康状况，会先测量经济的总额，也就是名称恰到好处的国内生产总值（Gross Domestic Product, GDP）。但庞大的 GDP［就像和其密切相关的国民生产总值（Gross National Product, GNP）］并不必然代表健康的经济，只能代表这是庞大的经济。大型经济体如美国，会消耗许多资源，超出地球所能持续制造的数量，同时也会制造许多废弃物，这样的经济不一定健康。假如有很多生病的人抽烟且支付大笔医药费，或者让其他人帮他们付账单，相比起很多健康的人不去医院，也不买烟，前者对 GDP 的贡献会大得多；留在家做健康餐点，比外出吃不健康的大餐的人对 GDP 贡献少；在家喝冰茶比在快餐店喝糖浆饮料对 GDP 贡献也少。诚如经济学家保罗·霍肯（Paul Hawken）所言："我们的经济窃取了未来，在现在卖出，然后说这是 GDP。"[5] 我认为 GDP 并不是测量经济健康的有效方法。另一位作家说，GNP 不能拿来吃。[6]

另一种测量经济健康的标准是国民财富分配平均程度，而非财富总额。在日本，一般大企业的首席执行官收入是一般员工的 67 倍。法国是 104 倍，德国是 146 倍，美国则是 354 倍。[7] 那些拒绝承认 GDP 建构效度的人坚称这是一个问题。我们拥有大量财富，但分配极度不均显示我们的经济并不健康。基尼系数测量了所得平均度，估计数据数值与平均值差距，数值为 0 代表分配完全不均，数值为 1 则是样本或一个社会中所有人完全平等。[8] 财富分配平均度并不是大多数经济学家对一个国家唯一想了解的事，但他们也不应该只对经济的总额感兴趣。

道琼斯工业平均指数（Dow Jones Industrial Average, DJIA）是更有效的经济指标，但这并不是测量实际的经济健康状况，而是测量大众对经济的感觉。这是分等级的平均股价。平均股价增加 1 美元大约会造成 DJIA 上涨 7 点。"道琼斯指数"高代表大家在股市投资更多钱，也就是他们有钱也有信心。如果大家**感觉**不能够信任他们原本想投资的公司，道琼斯指数就会下降。的确，道琼斯指数是一个主观的测量方式，但我们可能会想了解这种主观性。这并没有证明一个经济体实际上很健康，只是证明大家如此认为。当然，这可能反映出美国联邦储备委员会前主席艾伦·格林斯潘（Alan Greenspan）所说的“非理性繁荣”。[9]

政治人物常会用失业率作为经济健康的指标。你几乎每天都会在新闻上听到，但这受到大范围的操纵。失业减少时，政治人物会邀功，声称自己创造了工作机会。但失业率一增加，同样一批政治人物就会说这是越来越多人找工作的结果，因为失业统计并未计入那些“退出劳动力”的人。一项测量可以任你随意解释，这多好用啊？

或许我们需要新的方式测量和经济总额非直接相关的社会健康。1972年，不丹的新国王吉格梅·辛格·旺楚克（Jigme Singye Wangchuck）打开了之前几乎完全与世界其他地方商业贸易隔绝的王国大门（这里可能是香格里拉的灵感来源），但他拒绝承认GDP能有效测量不丹的成功。他转而提出GNH，也就是国民幸福指数（Gross National Happiness, GNH）。不丹或许是全世界GDP最低的国家之一，但这位国王说那里一定是一个居住的好地方。（愤世嫉俗的人会说他可能也希望用GNH说服国民应该要快乐，不造成任何社会混乱。）一开始GNH是非常模糊的典型佛教概念，甚至连佛教徒科学家也承认这一点。但经年累月下来，概念已经过修正。例如，2006年国际专业管理学会（International Institute of Management）提出了新的GNH版本。[10]其中使用了各种调查和社会数据测量以下事物：

- **经济福祉**：低消费者债务及每个人都有足够收入购买所需物品等。
- **环境福祉**：免于污染、噪声及交通问题的自由等。
- **身体福祉**：如严重疾病少等。
- **心灵福祉**：如使用抗忧郁药物的情况少等。
- **职场福祉**：低失业率、诉讼少等。
- **社会福祉**：低离婚率及犯罪率等。

- **政治福祉**：如地方民主发挥功能性等。

要注意这些几乎都可以客观测量，但也可以通过调查主观测量，显示大众的感觉。我知道你对每一项都会有意见，如低离婚率可能代表女性受到压迫，而抗忧郁药物使用少可能表示药物短缺。但 GNH 正逐渐成为更有效的方式，测量一个社会是否为理想的居住环境，这是 GDP 从未达到且永难企及的目标。

许多法国人认为美国人疯了，这主要是因为美国人有大量武器。有些人想象美国一定像旧西部一样，每个人随身带着 6 把手枪。但他们可以用哪一种具有建构效度的测量方式证明他们的印象正确？测量方法不止一种，但一家法国报社的记者使用了 3 个数字证明了他的观点：美国与枪支相关死亡数字高（几乎一天一件）、78% 的美国人没有枪支，但 3% 的美国人拥有全部枪支数目的一半。他的资料中，大规模枪支事件定义为单一枪手在单一事件中造成 4 人以上死亡或受伤。[11] 这 3 个数字加在一起的建构效度比其中任何一个数字都要高。

建构假效度

谷歌搜索排名是常用的测量方式，但其建构效度可能有问题。一开始，我很高兴搜索某个常见主题时，看到我的博客出现在搜索结果的第二页。接着我发现谷歌很可能会将最近使用的网站分数加权。当然，我必须常上我自己的博客才能发表文章，所以我的兴奋之情稍纵即逝。

另一个建构效度可疑的例子是狗的叫声。许多人养狗保护他们的家，狗可能对任何东西都会叫，不只是入侵者而已，而且可能一直叫到一开始的刺激消失为止。这对警告人出现罪犯并不是非常有用的信息。但要是狗不叫呢？假如犯罪事件发生但狗没有叫，这可能代表狗熟悉这个罪犯。因此，狗没有叫对辨识罪犯来说具有一些建构效度。这是著名的福尔摩斯探案“银色马”（The Adventure of Silver Blaze）的故事基础。

一般而言，越复杂的指数会包含越多种测量方式，其建构效度也越有风险。杂志和网站常刊登最适合居住和最不适合居住的城市名单，这些名单甚至很少有意见相近的时候。例如，一个网站最近列出了全美十大最差城市，把俄克拉何马的塔尔萨放在第一。我住在塔尔萨，这里是有问题，但这排名让我感到惊讶。同时，另一个网站把底特律列为最差城市，排名完全取决于数据来源和相关加权。由于这种排名具主观性，所以实际上作为一般指标毫无价值可言。考虑要去哪里居住时，或许可以做的最佳选择就是自己决定哪些是最重要的条件，然后搜寻关于那些条件的数据。假如你想住在谋杀案最少的城市，就离巴尔的摩远一点。[12]如果你不喜欢贫穷率高的城市，就绝对不要选择得州的布朗斯维尔（Brownsville）。[13]如果你不喜欢空气污染，就应该排除加州的维塞利亚（Visalia）[14]而非纽约市。这些并不是综合测量，这些你关切的测量具有建构效度。

或许你能想象到，建构效度最差的数据来源是严刑逼供下的证词。历史上，一直用刑讯逼供来从俘虏口中获取信息。美国宣称并未使用刑讯逼供，但这相当程度上取决于对这个词的定义。小布什政府为使用强化侦讯手段（enhanced interrogation techniques）辩护。[15]先不管人道考量，这种方式有什么建构效度呢？我知道假如我被刑讯逼供，我什么都会承认，甚至会承认自己是外星人。2014 年，中情局承认之前使用刑讯逼供而取得对国家安全有用的信息寥寥无几。[16] 2017 年，特朗普扭转了美国政府近来避免使用刑讯逼供的趋势，并宣称“刑讯逼供有效”。[17]

外部效度

我会简短提一下另一种效度。如果从样本中取得的测量结果可以类推，扩大到外界或外部族群，就是具有**外部效度**的测量方法。回想一下，我之前提到样本必须能有效代表一个族群，结论只在样本的范围内有效，这就是最明显的外部效度例子。

以我和同事艾莉卡·科比特（Erica Corbett）做的研究为例。[18]我们希望知道俄克拉何马中南部星毛栎树的叶子出现的虫害程度，如果可能的话，也希望能解释任何我们看到的模式。我们需要获得外部效度尽可能高的样本。我们摘取了12棵树上的叶子，因为一两棵树肯定无法代表全体。从5月到9月，我们每个月都去摘树叶，因为虫害可能在某个时间比其他时间严重。我们摘了5年这些树的叶子，因为每年可能都不一样。事实上，我们的样本有些来自旱年，有些来自雨水适中的年份，有些来自洪水成灾的年份。我们搜集了2574片树叶。那很耗工夫，但没有做到这样可能就无法类推超过一棵树或一年的范围。

一个年轻科学家最近挑战了他的资深同事，要他们重新检视动物神经系统研究的外部效度。他指出近期神经科学论文绝大多数以老鼠和人类为主，[19]他说他只是想了解为什么研究的物种范围如此有限。或许有点夸张，但他把自己比喻为安徒生童话“国王的新衣”里的男孩。过去，科学家指出神经科学家从研究乌贼（有极厚的神经纤维）、青蛙和鲎获得重要洞见。或许今天我们限制了外部效度，因此错失了一些重要的发现。再者，许多心理学研究对象是大学生。这是因为许多心理学研究者在大学教书，他们可以支付微薄薪资招募学生参加测验，或者他们只给这些学生加分。但由于大学生无法完全代表整个社会，这些研究的外部效度也受到限制。

保证外部效度的问题最显著的例子之一，就是全球变暖或全球气候变迁的科学。

气候并不是天气，而是长期的天气平均。所以你不能只是把头伸出窗外，就知道全球变暖是否发生。拒绝承认全球变暖的政治人物，如**俄克拉何马**的参议员吉姆·英霍夫（Jim Inhofe）[20]就在冬天把头伸出窗外。他注意到天气很冷，然后想：**现在哪里有全球变暖？**（这个问题有两个答案。首先，变暖发生在别的地方。北美在2014年年初度过一个寒冷的冬天，此时澳洲夏天温度极高，连网球选手的鞋子都熔化在球场上。[21]其次，变暖此时已暂时结束，但之后还会再发生。）同理，环保人士也可能在夏天把头伸出窗外，然后说："真热！这一定是全球变暖！"说一个炎热的夏日证明了全球变暖，就像说一个寒冷的冬日反证没有全球变暖一样无效。

为了验证全球变暖的假设，你必须知道全球平均温度。这不是很容易估计的事，你必须有一组具全球代表性的温度测量结果。我们有欧洲和北美19世纪前的温度计读数［如大陆会议（Continental Congress）召开时，托马斯·杰斐逊（Thomas Jefferson）在独立纪念馆（Independence Hall）就有新式的温度计］，可是我们没有非洲、亚洲、南美洲、北极地区或南极地区那时的读数。但从19世纪中期开始，英国和美国在全世界的军舰就开始记录每天的温度。最后，这种涵盖全球的测量结果使全球温度的估计值更具有外部效度。这就是为什么一般的全球温度图时间轴开始于1850年后。[22]更早之前的温度可以使用年轮和冰层这种"代理"测量方式估计，但这些方式都不如实际的温度计读数准确。

但即使是全世界海军测量出的温度，也不能完全满足外部效度的需求。的确，从北极和南极研究的一开始，科学家就一直测量那些地区的温度。但因为一些可理解的原因，从北极和南极取得的温度读数数量都比人烟较稠密的地方少。这造成偏向温带和热带地区的偏见，这种偏见往往会低估而非高估已出现的全球变暖程度。数量更少的是深海温度的测量结果，这造成偏向陆地和海洋表面的偏见。科学家困惑的是，虽然大气层中二氧化碳浓度持续增加，全球变暖似乎在约 1980 年后和缓下来，之后才又重新快速恶化。[23] 结果从 1980 年起，北极地区就迅速变暖，深海海域也是。所以地球持续变暖，但北极地区和深海地区比温带和热带地区严重。北极和深海的温度代表性不足是外部效度的问题，造成研究全球变暖的科学一片混乱。

结论

我们可以说科学的过程只是形式化的方法，设法考虑到所有在研究中可能出错的事物，如偏见和无效性，然后再设法修正。科学家思考到他们的测量结果可能无效时，会花很多时间无所事事，或者徒步，或者喝酒。他们准备在这些测量上投入大把时间、金钱，加入很多情感。而且就像可怜的高卢这个例子告诉我们的，事实可能会太晚出现。

自己动手做

想一件对你重要的事，如个人的经济或健康，然后评估你用来判断的信息效度。

第十二章　哎呀，我那时还没想到

有时候尽管我们尽了全力，事情走向仍未如我们预期，这可能完全破坏科学结论的可靠度。我来举几个例子。

磨耗效应（attrition effect）。实验进行下去，无论是对植物或人来说，一定会造成一些磨耗。有些植物会死掉，有些人则会退出研究。小型植物的死亡或较欠缺动力、能力较差人员的离开会提升剩余部分的平均水平。想象一下一个教课的教授。他可能在课程一开始考试（前测），然后在课程尾声给予同样的考试（后测）。事实上这是一个标准程序。假如平均后测成绩高于前测，他就可以得出完全合理的结论，认为学生从他的课学到了东西。但这也很可能代表没有办法应付课程的同学退选而已。最后留下的同学可能实际上并未学到东西，他们可能只是坚持到底而已。为了评估学生是否真的学到东西，退选的人应该被排除在前测和后测的平均分数外。你曾经误把坚持当作进步吗？我有这样的经验。

顺序效应（sequence effect）。假设你希望评定学生数学和文字能力，然后你给他们一份数学测验和阅读测验。他们先拿到的测验得到的结果都会较佳，第二个测验时他们会觉得无聊或疲倦。除非第一个测验是在早上 8 点，那这样他们可能两个测验都会搞砸。解决方式很单纯也很明显：半数同学先给数学测验，另外半数先给阅读测验。这并不一定能帮助你**评估**个别学生，但可以帮助你**评定**学生的整体水平，因为你可以求出顺序效应的平均数。我也有这样的经验。

历史效应（history effect）。实验中每种植物、动物或人的表现取决于其历史、过去所到之处及遭遇。因为他们有这样的经验。你研究的任何一群人中，都会有年长者（可能生命经验较丰富）和年幼者，还有不同教育程度的人。我课堂上的学生有些不知道尺子怎么用（我没骗你），有些人则很惊讶我的实验室设备很原始。历史效应是科学家无法在实验中将老鼠重复使用的原因，第一个实验中使用的药物用到第二个实验中可能会有痕迹效应。所以每个实验中，药物研究者都必须放弃使用过的老鼠，而改用新的一批。我有那样的经验。

动机效应（motivation effect）。这最常用于人类和其他动物身上。老鼠要走出迷宫的话，它必须先**想要**走出迷宫。我们进行学生评定时会一直碰到这个问题。我们必须个别评定（计算成绩）并集体评估（表现给行政单位看我们的学生花钱学到了东西）他们的技巧。你可能会问这有什么问题：他们想得到好成绩，当然就会尝试在测验上有好表现。但我们给他们的评定测验并不会完全符合我们的课程，这是因为全国及不同类型课程的评定测验都已标准化。这增加了测验的外部效度。尽管评定测验并不是完美的评估工具，我们还是会继续使用，并将前测计入学生成绩中，要不然他们考试时就会在答案纸上写“ABCDEABCDEABCDE”，然后离场（我看过这种事情发生）。当然，即使可能获得好成绩（或是威胁他们会拿到烂成绩）可能也不足以激励学生，他们太年轻，立即的奖赏和惩罚他们才会在意。就算拿到满江红的成绩单可能跟着他们一辈子，似乎对他们来说还太遥远。

惊讶因素（surprise factors）。正当我们以为已经考虑到一切该考虑的事，某些惊讶因素就会出现，最好的状况是导致研究中的随机误差，最糟的就是带来偏见。2014年，科学家论证实验中的啮齿动物被男性研究者处理时会感到压力。[1]他们最后发现这种效应是因为男性研究者制造出的某种味道，即使味道只是留在老鼠笼子里的木屑铺面，效应还是会出现。我们可以说在这种研究之前，没有人猜测到会这样。避免这种误差唯一的方式就是设法将所有因素分配到所有的实验组。例如，你不会希望让女性研究者处理一个实验组中所有的老鼠，而男性研究者处理另一个实验组中所有的老鼠。如果两位研究者都处理了两个实验组中的老鼠，性别—味道的效应就会均衡，很可能对研究结果不会造成任何净效应。

往往只要简单修正研究设计，我们就可以避免这些磨耗、顺序、历史、动机及惊讶因素的效应。有时并不是这样，但至少我们不应该容许这些效应让我们措手不及。

另外还有我之前提过的福尔摩斯效应，大家会预设自己内心已经考虑到所有可能的选项。这个错误几乎是所有创世论的基础，和创世论相近但较温和的智能设计论也是以此为根据。两者基本论述大致上可以这样总结："看看这个非常复杂的系统！我没办法想象这怎么可能进化，所以这不会进化。"进化科学家理查德·道金斯（Richard Dawkins）称此为"个人怀疑的论述"。[2]

智能设计论的创始文件之一是麦克尔·比希（Michael Behe）的《达尔文的黑盒子》(*Darwin's Black Box*)，其中就犯了很多这类的错误。[3]比希的主要论述是：自然世界展现了许多**不可化约的复杂性**（irreducible complexity）的例子，而且处处可见。不可化约的复杂性中，甚至去掉一个部分就会造成整个系统瓦解。他选择他的其中一个例子来说明对于复杂性的观点：有一个由五个部分组成的捕鼠器，去掉任何一个部分捕鼠器就没办法使用。但他无法或不愿意考虑的是，确实存在更简易的捕鼠器。有人甚至设计了只有单一零件的捕鼠器。[4]当然还有其他更简易的方式可以和有槌子的机械捕鼠器达到同样效果，如粘捕器。的确，由五个部分组成的捕鼠器，如果去掉一个部分就没有办法使用，但确实可能有更简易的设计。

比希的另一个例子是构造复杂动物中可以找到的凝血系统。凝血系统牵涉一系列的蛋白质，一个接着另一个发挥作用，只要移除任何一个蛋白质，整个系统就会失灵，罹患血友病就会发生这种状况。比希无法想象那些蛋白质如何进化，也无法想象有更简单的系统。但事实上，不同动物有不同系统，而在许多动物中的血块形成会比人类简单。而且许多蛋白质只是丝胺酸蛋白酶修正后的复本，凝结的蛋白质并不是每种都需要从头开始设计。

反进化的论述不算新鲜。例如，脊椎动物的眼睛很复杂，达尔文自己承认他无法想象这如何进化。[5] 150 年来，创世论者一直满心欢喜地提到这个问题。他们说，一只眼睛的一半有什么用？答案很简单。有一半效率的眼睛可能像整只眼睛一半有用，只有我们眼睛 1% 效率的眼睛还是比完全没眼睛有用许多。视力不完美胜过眼盲。就像古老的谚语说的："盲人的国度里，独眼龙就能称王。"道金斯对于这一点进行了一个很好玩的观察。[6]他说某个很少擦眼镜的同事的视力还是比一片模糊好一点。

事实上，要怎么证明比我们构造简单的眼睛实际上能发挥功能呢？最直接的方式就是在自然世界中找到这样的眼睛，也就是自然选择"设计"的眼睛。有些水生动物有简单的"眼斑"（eyespot），只能感觉到有没有光。这种眼斑除了让动物知道有阴影经过头上之外，几乎别无用处。但假如那片阴影恰好属于捕食性动物，这可能就是有用的信息。由于光会来自头上，所以有些单细胞有机体有眼斑让它们知道方向。有些动物的眼睛像照相机的光圈，比用肌肉控制的洞功能多不了多少，而且没有透镜，但这让模糊的影像足以成形。最好的眼睛拥有透镜，会将光聚焦，但透镜眼睛极其复杂。达尔文在《物种起源》(*The Origin of Species*)中举了这些例子，但创世论者150年来却刻意忽略。

我们都很容易受到这种思维影响。以我为例，我发现自己无法相信宇宙数目无穷无尽的理论。我的怀疑态度完全是感情用事，我的心灵就是难以想象。但要是我和无限宇宙论的提倡者，例如，英国天文学家马丁·里斯男爵（Royal Sir Martin Rees）讨论我的感觉，他一定会问我："你不了解'无限'的哪一个部分？"

自己动手做

在你的研究中找出顺序效应、动机效应等的例子。

第十三章　每个人都有偏见，除了我以外

科学家声望最重要的来源之一，就是大家认为我们的研究没有偏见。这也是我们的说法比那些政治人物更具分量的原因，这不只是因为我们比较不可能说谎（参见下一章），也是因为我们尽力去排除偏见。政治人物承认这一点。因此，他们有时会设立“超乎党派”的组织，提供他们不带偏见的研究摘要，以了解重要问题。

其中一个重要的例子就是国会研究处（Congressional Research Service, CRS）[1]——国会图书馆的分支。例如，要是国会想知道2012年时增加美国最富有的人税收是否会危害经济，他们就会去找国会研究处。国会研究处产出的报告、得出的结论认为对富有的人稍微提高税收不会伤害经济（当然他们必须注意用来测量对经济伤害的方法是否有建构效度）。国会如何使用这项信息就看他们自己了。报告刚出来时，国会的共和党领导者选择把报告压下。[2]

为了避免我听起来像将偏见贬抑为道德上的瑕疵，或许为保守派人士专有，让我澄清一下。人类一定有偏见，所有人都是这样，必然如此。

科学家和牧师最重要的差别之一，就是科学家**意识到**自己有

偏见，会**采取主动方式**避免偏见。牧师则可能会说："上帝对我的心说，我们必须募款，这样我才能拥有一架私人飞机。"但科学家可能会觉得有义务给你提供他说法的证据，让你可以独立验证。就像我在本书前言所说的，科学会利用外部信息验证假设。

科学大多是一种有条理的方式，用来辨识并排除偏见。如同我之前所说，科学是一门学科。科学就像牛轭，让公牛拉着人类知识的车子往前进。公牛常会左右到处乱走，但牛轭可以阻止它们随着自己的偏见乱走。

即使实验者本身没有偏见，测量技巧本身也可能带来偏见。许多关于鸟类迁徙的资料集来自周末的赏鸟爱好者，实在是没有足够的专职赏鸟爱好者提供所有需要的资料。但思考一下，如果全天候和专职的赏鸟爱好者都记录下候鸟抵达的时间（如他们在俄克拉何马南方看到第一只剪尾王霸鹟的日期），周末赏鸟爱好者的日期会较晚。如果候鸟像大多数鸟类一样在周二抵达，专职的赏鸟者会记下周二的日期，但周末的赏鸟者会记下的日期则是下一个周六。

受试者偏见

受试者偏见（participant bias）影响了实验中受试者所提供信息的信度。以压力为例，如何发现受试者正经历生理上的压力呢？你可以问受试者是否感觉有压力，但这会很主观且具有偏见。例如，受试者可能相信自己不应该对某件事感到压力，所以他说出的压力程度可能比实际上感受得要低。科学家希望测量结果都是没有偏见的。科学家可能会测量受试者唾液中皮质醇的数量，皮质醇是一种压力荷尔蒙，含量高代表出现压力。皮质醇不会说谎，也不会以带有偏见的方式表现出来。

人类生病或别人把他们当病人看，他们会感觉比较舒服。过去（甚至对今日信仰疗法的治疗师和驱魔师来说）这代表有人为你祈祷、祝福你或把恶魔从你身上赶出去。这大多都是偏见，因为这些做法造成大脑释放让我们感觉比较舒服的化学物质。例如，运动（或者是刺激的仪式，如驱魔或走火路）会让大脑释放脑内啡，让我们觉得比较舒服，甚至较不容易感到疼痛。

这些大脑和荷尔蒙的过程也并非完全没有医疗效果。皮质醇抑制了免疫系统，这是压力可能让你感冒或得流感风险增加的其中一种方式。压力也可能让你疏于维持健康。因此，减少压力会让你更健康。

几百年来，人类吃药后会觉得比较舒服，无论吃的是萨满巫师的春药或现代的药丸、针剂都是这样。这种效果很强烈，人类吃了中性物质但相信这是“真的”药物时，半数时间都会感觉较舒服。中性物质可能是看起来像“真的”药丸的糖果药丸。[3] 中性的药丸称为“**安慰剂**”，它对我们心灵的影响称为“**安慰剂效应**”（placebo effect）。

安慰剂效应的反面称为“**反安慰剂效应**”（nocebo effect）。在这个例子中，病患说即使他们获得安慰剂，仍受到烦人的副作用之苦，而未获得药物的疗效。[4]

处理安慰剂效应已成为医学研究的主要挑战。测试新药物时，药物研究者显然不能让受试者知道拿到的是真的药物还是安慰剂。药物只有在对人的功效**超过**安慰剂的心理效果时，才可视为有效。但人类并不笨，往往吃到糖果药丸时就能辨认出来。他们知道大多数药物味道很苦，假如药丸味道不苦，他们就知道这可能是安慰剂，甚至可能因为知道药丸不是真的药物而觉得更不舒服。味道苦的药物则会让他们感觉较好。[5] 在受试者不知道是否拿到安慰剂的情况下使用安慰剂称为“盲测”实验。

造成受试者偏见的不只是药丸的外表或味道。药物研究者都知道，昂贵的安慰剂会比便宜的安慰剂让人感觉舒服。实验中的受试者认为如果这样东西很贵，一定是真的药。[6]

有时偏见是由看起来无可避免的实验限制造成的。例如，在药物测试中，研究者只能相信受试者会服用给他们的药丸，研究者无法要求他们一定得这样做。有可能某些受试者没有服用药丸的唯一效应就是减少了样本大小，这不会带来偏见的问题。但假设其中一组比较粗心，拿到真的药物的病患觉得比较舒服而一直要药丸，而拿到安慰剂的病患不再拿取似乎无效的药丸，这样就会造成偏见。目前已提出的解决方式就是药厂在每颗药丸中插入微芯片。微芯片可以追踪：药丸是留在罐子里，还是通过病患排泄进入生态系统中。这项信息至少会警告研究者哪些病患没有服用实验药物。[7]

此外，有些人对安慰剂的反应比其他人大，就像有些人比其他人容易催眠。或许他们较容易受他人建议及自我欺骗影响。另外，有些人对安慰剂毫无反应。这些差异似乎都有遗传基础。有些药厂考虑找出易受影响的人，将他们排除在药物试验外。如此一来，他们相信可以减少试验中受试者的数量，大幅减少成本，并增加试验准确度。[8]

安慰剂其中一个著名的例子就是乔治·华盛顿·卡佛（George Washington Carver）所发明具疗效的花生油。卡佛是我最喜欢的科学家，在第二十章会描述我的理由。一个因小儿麻痹而跛脚的男孩使用了一些卡佛的特制花生油，然后站起来行走，这几乎可以肯定是安慰剂效应。那男孩可能本来就有能力走路，但觉得太沮丧，从未试着走路。他预期在获得花生油治疗后就能走路，所以试着走，然后成功了。但要注意，即使安慰剂主要效应是出现在那男孩心里，但实际上仍发挥了功效，尤其是伟大的卡佛还亲自将安慰剂用于男孩身上。

偏见也会影响参与者如何感受味道，食品科学家总是遇到这个问题。如果卖相好，人会更享受食物。例如，大家认为较红的西瓜一定比果肉颜色浅的西瓜好吃。因此受试者拿到食物时会蒙眼或以特殊灯光使他们混淆，无法分辨食物真正的颜色。食品科学家希望知道消费者是否认为无论产品的外观如何，味道都比较好。如果食物摆设美观，人类也较能享受食物。整个产业就是建立在偏见上，但好的厨师几乎可以赋予所有东西好味道。

此外，摄取维生素补充品的人和其他人相比，对自己的看法也不一样，他们认为自己很健康。假如他们感冒，往往会把这解释为“只是吸鼻子”。不吃维生素 C 的人可能认为自己不健康，因此把感冒当作流感在发威。也就是说，这两群人可能客观上经历严重程度完全一样的感冒，但主观上却有不同解释。除了相关性相较于因果关系的问题之外，这是少有科学家相信维生素 C 能预防或治疗感冒的主要原因。

并不是只有人类会经历受试者偏见。实地利用动物实验的科学家有时也必须设陷阱捕捉动物、测量动物然后再释放它们。这个过程经过特别设计，才不会伤害动物。食物会吸引它们进入只有单向的门，如果这是第一次发生在动物身上，会是很可怕的经验。第二次或许也是。但过一阵子动物了解看到像这样的陷阱就知道里面有食物，也不会受伤。动物就成了田野生物学家所称的“喜欢陷阱”。这不一定会让研究者对动物的测量结果无效。事实上，放松的动物可能更能“自然”代表其族群。问题是，这造成研究者反复以同样的动物作为样本，而不会每次随机尝试新的样本。有一些方式可以部分弥补这一点，但这必须要研究者注意到发生这种情况。

你可能会问：“只是拿具安慰剂效果的药品给病患，让他们觉得比较舒服，有什么问题吗？”问题出在几个地方。第一，药物有糖果药丸没有的副作用。第二，药物比糖果药丸贵。第三，过度使用药物可能导致对整体人口失去药效。这最常出现在抗生素上。过度使用抗生素可能导致细菌进化，对抗生素产生抗药性。假如焦虑的父母带来因病毒感染（但使用抗生素无效）而焦虑的小孩，而成千上万的医师开给这些小孩抗生素，那最后就会出现很多对抗生素产生抗药性的细菌。这实际上正在发生中，或许也是现代重大的医疗危机。

实验者偏见

许多实验中，不只病患必须“盲测”，实验者也必须如此，以避免**实验者偏见**。这称为“**双盲实验**”（double-blind experiment）。假如给实验受试者药丸的护理人员知道这是真的药或是安慰剂，就可能下意识释放出一些信息。受试者会接收到护理人员的热心或冷淡，或许下意识会猜测药丸是不是安慰剂。显然有人（主要研究者）一定知道哪个是真的药丸，但一旦药丸只标上号码，不知道哪个是真药丸的研究助理就可以发送这些药丸。另外一个例子要回到我们的食品品尝实验。如果看到食品科学家的笑脸，受试者可能会比较喜欢食物。因此，食品科学家可能透过一扇小门拿给受试者食物样本，不让受试者看到脸。或者受试者可能会蒙眼。

科学论文发表前，其他科学家会审查找出缺失，决定论文需要修改或不接受。这应该是一个客观流程，不受自我及争论影响。许多期刊设法隐藏审查人和作者的身份，让流程双盲。但结果常常不是如此。审查人虽然匿名，但他们通常知道论文作者是谁。

在匿名的保护之下，审查人有时会对作者人身攻击。这在申请补助的匿名审查中甚至更常发生。这样的人身攻击在科学家中比商务人物或政治人物遇到的少很多，但还是会发生。我知道没有任何研究判断这种不公平的攻击有多常见，但一项我同事的非正式调查显示，约 5 次论文或补助申请就会发生 1 次。这种攻击主要动机是科学家间竞争日益激烈，科学家现在比以前更容易想攻击竞争者。[9]

营销的偏见

避免偏见不只在科学中很重要，对我们做的每件事也是如此。例如，这对营销很重要。营销人员会进行研究，他们想知道吸引消费者买他们产品最有效的方式。他们测量的变量中最重要的就是销售量。他们合理假设如果消费者买了产品，那就是他们要的东西。这种假设的建构效度似乎毋庸置疑。

但不一定真是如此，以下是一个例子。我很讨厌买过度包装的东西。有些塑胶包装很硬，得靠星舰迷航记里克林贡人（Klingon）的多刃剑才能打开，还没有拆开里面的产品可能就弄坏了。往往你希望买某样东西，结果别无选择只能买包装最繁复的那款。但那样东西的销售量并不代表消费者赞同其包装方式。我购买那样的东西表面上是赞同，实际上只是屈服而已。我没有其他选择，所以只能认输然后买下它。这就是一个只有实验组没有对照组的例子，因为消费者并没有其他极简包装的选项。

这看起来够无害了，但过度包装可能会操纵消费者，造成浪费，因此导致固体废弃物及温室气体制造过多。企业销售过度包装的物品可能有利可图，但会浪费消费者的金钱。

我们不能随机思考，异想天开

还有另一种偏见同时影响了受试者和实验者。我已经用了很多次“随机”这个字眼，但人类的心灵不可能随机思考，我们总是会注意到一些或许没有真的出现的模式，这种过程称为“**空想**

性错视”（pareidolia）。最好的例子就是星星。星星随机分布在天空中，但我们会看到星座。无论你是专业天文学家或业余的望远镜观察者，都能用星座找出星星位置。但它们对我们来说看起来也像真的。

研究者尝试通过数学分析，避开非随机性的偏见，计算机就可以真正“随机”思考。但谈到研究设计，我们可能会认为我们“随机”强制建立实验组，但实际上我们下意识遵循了某个模式。这就是为什么研究者常以计算机随机分配受试者到实验组或对照组。

偏见对抗新概念

科学家还有另一种偏见，但或许这有很好的理由。科学家对新概念抱有偏见，但谁不是呢？即使新假设支持论证更充足，比起旧假设，我们还是更容易排斥新假设，避免其撼动我们熟悉的设定。托马斯·库恩（Thomas Kuhn）解释，尽管越来越多的证据否定了旧概念，但科学家仍紧抓不放，直到在一段相对短的时间内科学社群历经“典范转移”（paradigm shift）为止。[10] 科学和宗教、政治不同，会历经思想的革命。但这是坏事吗？旧的概念可能经过许多资料多次验证。假如一个新概念只有少数资料支持，这样的概念出现，科学家自然会怀疑这可能只是侥幸。即使政治上自由派的科学家心态上也很保守，他们说超乎寻常的主张需要超乎寻常的证据。

一个超乎寻常主张的很好的例子是前面提过的一个假设，也就是现在广为接受的小行星撞击地球假设。找到一层富含铱的岩石是一回事，但假如假设正确，**全世界** 6500 万年历史的岩石应该都富含铱。研究者实际上在意大利、西班牙及蒙大拿州都发现了这种富含铱的岩层。[11]

超乎寻常的主张有几个例子来自俄克拉何马的岩石雕刻。第一个例子是赫文纳（Heavener）镇附近的岩壁，这个岩壁有可辨识的古代北欧如尼文字雕刻。[12] 结论似乎显而易见：维京人雕刻了岩石。这是一个超乎寻常的主张，而且受到诸多诋毁。很多怀疑者声称这些雕刻是有人雕出来恶作剧的，这个人足够了解如尼文字雕刻，文字差一点就完全正确。但捍卫如尼石刻真实性的人主张乔克托人（Choctaws）熟知这些雕刻，而他们在 19 世纪 30 年代联邦强行推动重新安置政策时抵达。谣言也传开，据说确实有几个人承认恶作剧。但结果俄克拉何马其实还有其他很多岩石雕刻。许多毫无疑问是恶作剧，但这并不代表赫文纳的如尼石刻也是。

赫文纳的如尼石刻是超乎寻常的主张，但有多超乎寻常呢？没有其他明确证据显示维京人出现在纽芬兰南部，这强力否定了维京人出现在现在的俄克拉何马的说法。维京人怎么有办法历经千辛万苦一路到现在的俄克拉何马？或许更重要的问题是，他们为什么这么做？非常超乎寻常。真是这样吗？维京时代晚期，美洲原住民部落贸易网络遍布北美东部。一些维京人可能逃离其他人，在其中一条贸易路线搭便车，最后在赫文纳落脚。考虑到这一点，上面的说法可能就没有那么超乎寻常了。

更加超乎寻常的说法是古埃及人来到了俄克拉何马。一个洞壁（一座私人岛屿上的秘密地点）上的雕刻似乎代表了一匹马或一只土狼。但有些观察者主张这代表埃及的胡狼神阿努比斯（Anubis）。比起赫文纳的雕刻与如尼文字的相似程度，这里的雕刻（根据照片）看起来就没那么像阿努比斯的象形文字，除此之外，也没有证据显示古埃及人具备航海技能或曾长途旅行。[13] 支持这项发现的人在现场时，声称动物周围各个雕刻过的洞代表星座。在这个例子中，这种主张太超乎寻常，而证据又太平常，无法佐证他们的信念。

然后一切结束，超乎寻常的新概念以大家都可接受的方式证实，而我们表现得好像一直相信这个新的假设。1967 年，大家嘲笑琳·马古利斯（Lynn Margulis）提出的细胞来源内共生理论，她在历经多次拒绝后才得以发表。[14] 这个理论主张复杂的细胞来自较小的细菌细胞合并，今天感觉起来我们科学家好像一直相信这个理论。因此，接受新概念可能有两个阶段：第一个阶段是说这不可能是真的；第二个阶段是说这太明显了，根本不必多说。

证明马和狗会算数

我们无法辨别随机性会直接造成可能是所有偏见中最重要的一种：**确认偏见**（confirmation bias）。当我们看这世界，会看到一些东西，确认了我们已经相信的事，有一些则与其抵触。我们自然而然会较注意确认我们已经相信的东西。我们会引用证据支持我们的信念，忽视违背信念的证据，这不是因为我们都是骗子，而是因为我们大脑内的本能偏见。科学家称这种偏见为“摘樱桃”，因为我们摘下确认我们偏好的红樱桃，但没有看到绿樱桃。这或许是科学家使用统计测试决定结果显著程度的主要理由。

我已经向你介绍了一个确认偏见的例子。我用维生素 C 补充品和避免感冒之间的相关作为虚假相关的例子，但我也提到偏见可能扮演了某个角色：服用补充品的人会将自己的症状解释为吸鼻子，而不是感冒。

在之前章节我讨论过人类往往会认为其他有机体有智慧，但这些有机体可能不是真的有智慧。宠物的主人往往认为自己的狗是世界上最聪明的狗，或者养的猫真的很爱自己。这是某种形式的确认偏见，以下有一些滑稽的例子。

20 世纪初，有一匹叫“聪明汉斯”（Clever Hans）的马。[15]

它的主人宣称这匹马会算数，群众会聚集看这匹马算数。马不会说话（除了灵马艾德和战地神骡之外），所以有人告诉聪明汉斯数到 5，它就会用马蹄重重踩地 5 次，聪明汉斯似乎总是能答对。我很确定你已经猜到发生什么事。假如他们告诉马数到 5，观察者会在马踩第二下或第三下时冷静地闲站着；马踩第四下时，观察者就会开始留意；踩第五下时，他们就以不明显的方式传达出他们的赞许，并准备鼓掌。结果证实马只是非常擅长解读人的肢体语言。不久，真相就传了出去。就马主人来说，这不一定是骗术，而只是观察者的偏见。容易受影响的观众持续得出错误的结论，那些看到聪明汉斯的人也一样。[16]

情况是变好了。你可能会认为到了 21 世纪，我们会注意像这样的事。但我看到一个电视节目，里面的人会展示他们的宠物多有智慧。一个家庭宣称他们的狗不只可以算数，也能**读木块上的数字**。我发誓我不是胡诌的，像这样的东西可捏造不出来。狗在帘幕的一边，主人会在另一边拿起一个木块，假设上面有数字 7，他会拿给热切的观众看，然后放回原位，和其他木块放在一起。帘幕一掀开，狗主人就会告诉狗去找上面有“7”的木块，然后狗就会直接找到那个木块。观众欣喜若狂，评审至少会装得好像他们相信狗会读数字一样。我知道你已经抢先猜到了。狗并不会读数字，它只是闻了闻哪个木块上面人的味道最新。事实上，狗在人告诉它找哪一个数字**之前**就开始找数字 7 的木块！你会想这原本就会让观察者稍微起疑。

有偏见的大脑

人类大脑不只无可避免会制造偏见，看起来似乎也天生就会自我欺骗。[17] 我们的心灵时常再现我们的记忆。记忆并不是一套不变的原始资料，我们的头脑每次都可以重新查阅。相反，每次我们想到一件事，我们的大脑就会改变记忆，过程中可能带来偏见，并储存修正后的版本。我们实际上无法记得偏见出现前那件事的样貌。这就是为什么执法人员和国家安全调查员很容易将假记忆灌输进人的脑袋，这些人之后会说记得实际上并没有发生的事。一旦假记忆存了下来，就很难和真的记忆区别。科学家为了避免这样的偏见，会填写实验室记录本，取得任何结果当天就写下来，而不是之后再写。这也是为什么目击证人的证词可能不是故意骗人，但必须以实物证据，如犯罪现场的 DNA 加以对照检查。

奴隶制度：历史上重大的偏见例子

人类历史上很普遍的偏见就是奴隶制度，直到不到 100 年前才逐渐式微。奴隶主人单纯不把奴隶当人看。罗马人将他们的奴隶定义为“会说话的工具”。杰斐逊在革命战争前的大陆会议坚称奴隶也是人，但会议中的南方代表将他们视为财产。捍卫奴隶制度的人往往相信奴隶对他们的小块土地心满意足。

年轻的达尔文搭乘罗伯特·菲茨罗伊（Robert FitzRoy）船长的船，航行整个世界。菲茨罗伊就相信奴隶很快乐，达尔文和他看法不同。由于达尔文是平民乘客，他可以与菲茨罗伊意见相左而不会造成任何后果。菲茨罗伊想向达尔文证明奴隶很快乐，因此，停留巴西时，菲茨罗伊要一名奴隶主人带他的奴隶出来见达尔文。主人和船长都在，那些奴隶告诉达尔文他们实际上非常满足。达尔文指出了一件事，对今天我们任何人来说都很显而易见：奴隶不敢在主人在场时抱怨，他会处罚他们。达尔文告诉菲茨罗伊这证据毫无价值，这船长的反应就没那么客气了。[18] 遗憾的是，就著名政治评论家比尔·奥莱利（Bill O' Reilly）的说法，这种偏见还会一直持续下去。[19]

科学和民主

杰斐逊就像其他启蒙运动的学者一样，假设人只要有机会，就会理性选择。民主就是基于这样的假设。而这种机会不只包括自由秘密投票，还包括接受能了解各种议题的教育。杰斐逊写了独立宣言并创立弗吉尼亚大学（University of Virginia）是有理由的。要是他看到政治人物和营销人员如何在我们心里创造偏见，利用偏见来控制我们前往有钱有势的人希望我们去的方向，我相信他一定会非常沮丧。我常想这个过程（民有民治的政府，但人民遭到刻意误导）是否会摧毁民主。我希望现在有像杰斐逊那样的人，可以帮助我们厘清这点。

科学家因为没有偏见，值得现在所拥有的尊重，这并不是因为我们天生不带偏见，而是因为我们比其他人更认知到我们的偏见，于是在人力所及范围内，控制这些偏见。

自己动手做

试着想一个对你个人重要的确认偏见例子，看看你是否能想到方法减少它对你做决定的影响。

第十四章 相信我们，我们是科学家

大部分时间，你可以信任科学家，但有时你就是没办法信任。当伪科学常跟真正的科学混淆的时候，特别容易发生这种状况。

伪科学（pseudoscience）是一套拒绝使用科学方法但假装有科学根据的信念，因此沉浸在科学家通常从其工作所获的尊敬之中。在某些例子中，伪科学组织里实际上只有几位科学家成员。

伪科学类型众多，但往往具有以下特征：

- **缺少自校正**。科学家不断验证每个假设，以寻求新信息。伪科学则并非如此，而是坚定捍卫原有教条，不允许内部检讨，也不接受外部批评。
- **逆转的举证责任**。科学家提出假设就认为有必要也提出验证的证据。而伪科学家宣告了其假设，并坚持你必须相信，除非你能证明这是错的。科学家握有庞大的资料，但固执己见的人则会加以驳斥，说你的资料不够好，不足以说服他。辨认伪科学组织的方式之一就是他们并没有自己的实验室进行研究，他们只把时间花在嘲笑真正科学家收集的资料上。
- **过度信赖逸事资料**。逸事就是故事，通常是单一的观察。之后的章节会提到，科学家会使用好几组资料，这些资料必须范围广大才能视为有效。宗教信仰几乎全为逸事资料。有人祈祷，另一个人从疾病中痊愈，对有信仰的人来说，这证明了祈祷治愈了疾病。伪科学就是这样做，但又假装有科学根据。

· **未定义的词汇**。科学家会尽可能准确定义他们的词汇，如果不这样做，他们就可能招致其他科学家批评。伪科学家使用模糊的词汇，让他们的假设无法否证。

· **拒绝认真看待证据**。即使伪科学家获得他们要求的证据，还是会加以忽视。

· **政治意图最为优先**。就像所有人一样，科学家都有政治动机。真正的科学家设法避免让研究无效，伪科学家则使用挑选过的科学资料推动其政治意图。

· **嘲笑或威胁批评者**。作为一种过程，科学不会嘲笑或威胁他人。科学家身为人，有时会有上述行为，但他们这样做时通常会招致其他科学家批评。对伪科学家来说，威胁和嘲弄是家常便饭。

· **哪里有钱就往哪里去**。伪科学家常获得企业或政党慷慨资助。许多著名的伪科学“智库”全心全意混淆人们对于科学事实的认知，因此剥夺了所有公民可能对抗企业及政党危险活动的反对行动。[1]

全球变暖否定说

在这整本书中我一直用全球变暖作为例子，陈述科学家获取有效信息并以可靠方式验证时面对的诸多挑战。现在我希望利用全球变暖否定说作为伪科学的例子。

拒绝认真看待证据。我的研究领域之一是气象科学。我研究气温升高会带来的效应：造成落叶树春天发芽时间提早。许多科学家比我更有资格谈论全球变暖，但其中并没有太多人像我一样住在俄克拉何马的乡村，这让我成为某种地方专家。有一次我获邀对一个教会团体发表关于全球变暖的演说。俄克拉何马的城镇经济几乎完全依赖石油，对一个身在其中某城镇的小教会而言，这个团体异常欢迎我提出的信息。除了一个人之外，他举手问了一个我认为非常好的问题。他解释全球变暖在过去曾大规模发生，如恐龙时代。他说："恐龙很喜欢。"那我们今天有什么好担心的？简短的答案就是恐龙时代的全球变暖速度比今日缓慢许多。要是当代的全球变暖速度较慢，这也不会造成问题。但我一说这是一个好问题，然后开始回答，他就起身离开，我还没来得及回答完就走出门外了。我假设他是来自石油公司之一的"密探"，说明完立场就离开。对你问题的回答置之不理，实际上就是拒绝听取证据的例子。

政治意图最为优先。像全球变暖否定说这样的伪科学的另一个特征，就是背后必定有政治意图驱使。所有人、所有族群都有政治观点，但对伪科学家来说，政治立场才是真正关键，科学只是装饰而已。否定说的其中一位领导学者，我们姑且称为罗雷斯（Lorax）博士，他支持二氧化碳有助于树木和其他植物生长的概念，而这些树会吸收人类在空气中排放的多余二氧化碳。也就是说，植物是巨大的碳吸收者，会拯救世界。这不可能是事实，因为如果树木会拯救世界，早就已经开始这样做了。植物现在无法阻止大气中的二氧化碳浓度升高。[2] 热带雨林以从空气中吸收大量二氧化碳闻名，且能将其转换成繁茂的植物，但这些森林因人类活动而衰减，现在只是二氧化碳的净制造者。[3] 目前北美、欧洲及亚洲的温带森林吸收的二氧化碳比排放的多，但细部研究预测，这些森林在 21 世纪结束前，会成为二氧化碳的净制造者。[4]

但假设罗雷斯博士是对的，你可能会想，否定说者可能会乐于支持拯救仅存完整森林的全球运动，并移植已经遭到破坏的森林。你可能认为他们会支持“现金换碳”计划这类的概念，这样的计划成功鼓励热带农民保持雨林完整以换取报偿。一支由经济学家领导的科学家团队经实验证实，完整森林提供给乌干达的金钱利益远超过给农民的金钱。[5] 你可能会想否定说者会乐于支持，但他们大都加以忽视。

伪科学家并不一定是政治光谱的右端。许多反对疫苗接种的人是政治上的左派。他们反对疫苗接种的基础是一些谣言，最早可追溯到一篇已经撤回的文章，而该文经证实纯属谎言。[6] 他们阻止疫苗接种的程度相当严重，许多疾病原本几乎消灭，却又开始盛行。[7] 许多医学研究者亲身体验了“反疫苗人士”的敌意，即使他们的信念基础证实为错误，无法否证的信念仍持续存在。对基因工程不科学的攻击往往也来自政治上的左派。

嘲笑或威胁批评者。否定说者也不只回应批评，还会对真诚的问题嗤之以鼻。我曾写信给一个大型否定说者组织的领导人，询问气候科学家发表的计算结果何以无法证明人类造成全球变暖的假设。（这不是罗雷斯博士，罗雷斯博士对我一直保持礼貌。我们姑且称这位气候科学家为香烟博士，因为他的组织也是烟草税及控烟领头的反对者之一。）香烟博士对我的回应都很简短，而且是明显的嘲笑。为什么不这样做呢？只要香烟博士对决策者和他化石燃料产业的捐助者友善，就可以嘲弄科学家。至少我不像气候科学家迈克尔·曼（Michael Mann）一样收到死亡威胁。[8]

有时候伪科学家会诉诸法律威胁。约25年前，我写了一篇书评，我评论的书中，作者声称发明了一个全新的进化理论。我在书评中指出他的错误。像他那样的人会花很多时间阅读别人所写的关于他们的所有东西，虽然我的书评默默无闻，但他还是发现了。他写信给我（这是在广为使用电子邮件之前），说考虑起诉我，但决定保持风度不这么做。他仍继续唱独角戏抱怨说教，这一次出版商和书评就没注意他了。

哪里有钱就往哪里去。有些伪科学家，如声称整个宇宙绕着地球转的地心说者，获得的资助寥寥无几，但其他人则财源滚滚。否定说者就是最好的例子。他们从煤炭和石油公司获取大笔金钱，这些企业大都不希望公民减少使用煤炭和石油。他们通常对资金来源保密，其中一个这样的组织宣称其资金平均来自各企业、机关及个人。但要记得假如他们的钱大都来自几个拥有丰富石油藏量的亿万富翁，那些富翁就会有企业，就会资助各机关，而他们也是个人。相较于资助全球变暖研究的机构，煤炭和石油可以提供庞大许多的资金，给那些获得这类补助的气候科学家。我的气候科学研究没有获得任何资金。

伪科学家往往视自己为胜利者。他们一旦发现没有人前来完全证明他们的错误，就把这解释为这证明他们是正确的，但实际上可能是因为没人想因此把自己困在猛烈的言语攻击及法律威胁中。

利益冲突

伪科学家喜欢认为，因为他们实际上并没有在说谎，所以他们的意见不会受到获得资助的影响。但他们如果真是如此，道德就超乎凡人了。所有人，包括真正的科学家和其他人在内，都会犹豫是否要恩将仇报。诚如厄普顿·辛克莱（Upton Sinclair）所言:“当一个人领工资是取决于不了解某件事的时候，就很难指望他去了解这件事。”[9]

全球变暖否定说除了是伪科学的好例子之外，也能充分说明何谓利益冲突。科学家势不可当的共识以及包括美国人在内等大多数人的意见，就是我们应该减少燃烧煤炭和石油，但大多数能源公司不希望我们减少使用煤炭和石油。在未来能源来源可能出现的所有情况中，我们还是会持续燃烧很多煤炭和石油，尽管如此，就算我们还是燃烧很多，提供这些能源的公司仍不希望我们减少使用量。

他们达成目的的方式之一就是直接或通过私人基金会，向制定了使用能源相关法规的立法者提供大笔的政治献金。立法者从来都不是不带偏见，而且他们甚至有更多理由在这个议题上带有偏见。俄克拉何马参议员詹姆斯·英霍夫从石油公司获得庞大金额的政治献金。[10] 无论他本身是否有意，他接着的确发表了与全球变暖相关且明显可笑的言论。英霍夫参议员说全球变暖不可能发生，因为圣经说上帝不允许。事实上，他引用的《圣经》章节并没有提到他声称的内容。他放手一搏，然后赢了：他大多数的追随者根本懒得自己去查《圣经》的相关章节。英霍夫也在参议院会期丢出一颗雪球，证明因为冬天仍然够冷、会下雪，所以全球变暖不可能发生。[11] 他似乎在暗示假如任何地方任何时刻下雪，就不会发生全球变暖。

伪科学利益冲突最好的例子之一和农药有关。“二战”的20年后，大量农药从飞机喷洒在美国各地，以控制农业病虫害和昆虫病的媒介。生物学家瑞秋·卡森（Rachel Carson）指出这些农药或许本身环境浓度无害，但在食物链的动物组织中浓度会升高，特别是食物链顶端的动物。[12] 再者，害虫族群会快速进化，对农药产生抗药性。她解释减少使用农药，并以锁定目标而非从飞机喷洒的方式使用对环境较安全，**而且**更能有效控制害虫。她收集了数量惊人的证据，并以平易近人的语言在她1962年的著作《寂静的春天》（*Silent Spring*）中解释这些证据。[13]（也就是说，鸣禽会死亡是因为吃的猎物含有农药，而不是直接接触到喷洒的农药。）这本书目前仍是有史以来最重要的著作之一。卡森于1964年去世。

卡森的书一问世，化学公司就大表不满。这些公司不只销售农药，还靠销售很多很多农药赚钱。假如政府和农民只使用少量农药，这些公司就会损失惨重。它们指控卡森说大家都不应该使用农药。最近有一本书，作者显然没读过《寂静的春天》，把这本书描述为“毫无节制地与农药唱反调，充斥怒气与愤懑”。[14]这并不是卡森说的话。《寂静的春天》第十章中，卡森谴责农药“从空中任意喷洒”以控制火蚁，她指出直接喷在蚁丘上花费更少且更有效。[15]并认为应限量使用农药。我相信要是她还在世，一定会同意在疟疾盛行的非洲使用杀虫剂（DDT）喷洒在门窗和蚊帐上，防止蚊子将疟疾传播到睡觉的人身上。事实上，现在已经这样做了。这种做法对人和环境都很安全。

指称卡森的书充斥怒气唱反调的同一个作者也说此书“欠缺数据，满是逸事”，如只撷取退休赏鸟爱好者的话，而未使用科学数据。但要是该作者真的看了卡森的著作，他会注意到她书末引用了754条**参考文献**，大多出自官方的政府报告。

但有些化学产业的发言人仍说卡森以一人之力说服世界停止扑灭蚊子，造成蚊子数量激增，数以千计的人死于疟疾。这根本是一派胡言。卡森说服美国政府禁止将杀虫剂用于农业上，但并未禁止用于控制昆虫媒介，而且这都仅限于美国之内。我们可能会认为卡森去世之后，关于她的谎言就会停止。[16]但反环保人士的网站和著作持续散播这种错误信息。俄克拉何马参议员汤姆·科伯恩（Tom Coburn）于2007年就引用这项不正确的信息，阻挡众议院向卡森致敬的决议，那年是卡森100岁诞辰。[17]

卡森的故事呈现出偏见的另一个部分。化学公司说她是女性，所以歇斯底里。[18] 这种说法今天听来很不可思议，却是那时普遍的偏见：你不能相信女人的话，因为她们会歇斯底里。**歇斯底里**（hysterical）的拉丁字源指的就是女性生殖器官。因为这种偏见，卡森要提出证据的标准不得不提高许多。幸运的是，她的证据完善，且论证清晰，所以提出的观点广为盛行。

为大型化学公司效命的科学家例子持续出现，将他们研究的化合物可能造成的重大健康风险减到最低。有些为孟山都工作的科学家宣称，公司并不希望他们发现其最重要的除草剂之一草甘膦可能导致癌症。[19]

跳到结论

有时候科学家可能在研究过程中做出一些行为，虽然并非刻意欺骗，但可能将结果推向某方向，获得比他们应得更多的可信度。我们可能在无意识中“处理我们的资料”，让资料比实际上更好看。在竞相争取研究经费及科学相关工作的世界中，非做不可的诱惑可能很强烈。让我提出一些例子。

第一，思考哪些资料要保存、哪些要丢弃。我之前提到统计的离群值，以及如何将离群值排除于资料集外。科学家一直因为和实验无关的理由，丢弃无用的资料。实验用的动植物可能会因为一些和实验无关的理由生病，在分析的资料中纳入这样的动植物可能会造成误导。但我们一旦将这些资料丢弃，要做两件事。首先，我们承认做了这件事。其次，我们尝试解释原因。遗憾的是，许多高风险科学研究的例子中，并没有做到这一点。

有时候，如果科学家发现自己必须丢弃许多资料，这可能代表实验出了问题，而不只是运气不太好。我们对实验室老鼠的一项实验中，发现许多老鼠并不是很健康。我们并没有将大批资料丢弃，而是想办法弄清发生什么事。结果原来是老鼠对笼子里刨过的松木铺垫起了过敏反应。一换成山杨铺垫，问题就迎刃而解。

但有时候我们可能会很想把麻烦的资料丢掉。我之前提过科学家为了接受结果，因此能接受 5% 的显著水平。假设计算结果得出 6% 而非 5%，再进一步假设只要丢弃一个资料点就会将计算结果改进到 5%。这时就会受到强烈诱惑，合理化将一个资料点丢弃的行为。我不相信我曾经做过，但我和你一样有会欺骗人的潜意识。最好的状况就是有够庞大的样本规模，或者多次进行实验，这样一个资料点就不会那么举足轻重。

第二，考虑伪复制（pseudoreplication）。[20] 伪复制实际上就是一遍又一遍测量同样的资料点，而不是测量真正的独立资料。一遍又一遍测量同样的有机体显然是欺骗行为（如毒性研究）。这样做不只增加复制品，还以伪造方式扩大数量，所以才有这样的名称。但有时可能会无心之下造成伪复制，如喜欢陷阱的动物（参见第十三章）。

科学家快速达成结论最近的一个例子，就是宣告已经在地球发现砷基生命形式。

生命是以 DNA 为基础，DNA 本身就是建构于包含磷原子的支架上。磷原子在化学上类似砷原子。虽然砷对地球上所有已知生命形式都有毒，但有可能某处——地球或其他星球——的某种生命形式，不使用相当于 DNA 的物质中的磷原子，而使用砷原子进化。一位名叫费丽莎·沃夫–西蒙（Felisa Wolfe-Simon）的杰出青年科学家宣称在加州东部的莫诺湖（Mono Lake）发现这样的生命形式，莫诺湖的水含了大量但不至于致命的砷。[21] 美国航空航天局（NASA）资助了她的研究，也备感兴奋，因为假如这种不同的生命类型可以在地球进化，为什么不可以在火星？那让我们去火星一探究竟吧！有一小段时间，沃夫–西蒙是巨星般的科学家。

结果她发现的细菌证实并未使用砷制造分子，只是将砷隔绝，让砷不会干扰细胞过程。[22] 的确，要区分受磷污染的砷基“DNA”和受砷污染的磷基 DNA 很困难。

彻底欺骗

科学家是世界上最值得信赖和最诚实的人。科学家平均而言，的确比政治人物、牧师和企业领导人等诚实、值得信赖。这是因为科学的成功标准是真理，或应该是真理。有诚实的政治人物（我们称为政治家）、诚实的企业人士和诚实的牧师，但他们似乎极为罕见，所以我们会在文学和媒体中歌功颂德。《史密斯先生到华盛顿》（*Mr. Smith Goes to Washington*）的主角就是诸多贪官污吏中，代表诚实政治人物的一个例子。我们也乐于憎恨不诚实的人，就像辛克莱·刘易斯（Sinclair Lewis）憎恨神棍或马克·吐温憎恨《败坏了哈德莱堡的人》（*The Man That Corrupted Hadleyburg*）里不诚实的商人一样。

但欺骗虽然在科学中相对较少，还是可以找到很多例子。我来说几个经典的当代故事。[23]

科学史上最著名的骗术或许就是皮尔当人（Piltdown Man）。1906 年，一个叫查尔斯·道森（Charles Dawson）的业余化石猎人在英国皮尔当附近的一个沙石场四处挖掘。他声称在沙石场找到史前人类的骸骨，这些人类是介于人类和人猿间“失落的一环”。这些骸骨出自一个头骨，头骨有像人猿的牙齿，但脑部较大。这应该证实了两件事：第一，人类从人猿进化的初期主要在发展大脑；第二，这个时期出现在今日的英国。其他“失落的一环”也陆续被发现，如印尼的“爪哇人”。但道森坚称爪哇人这样的化石不属于人类祖先，这些化石不应该出现在那些地方。每个人都知道智慧一开始在最早的欧洲人身上进化出来，而道森相信，这些人是世界上最有智慧的人。或许在印尼有些人猿进化出双脚行走的能力，但在英国，人猿进化出智慧。

像亚瑟·史密斯（Arthur Smith）这样的化石专家亟欲相信道森，以致忽略了一些理应显而易见的问题。其中之一就是皮尔当人的头骨用锉刀锉过，让它看起来像道森想要的样子，而且也上了色，看起来比实际上更古老。这看起来像人类的上部头骨，但却有人猿的下颚。事实上，这就是人类的头骨。虽然最近的证据显示至少有一个大英博物馆中较次要的策展人牵涉其中，大多数历史学家仍相信道森自己完成了这个骗术，因为他是捍卫这个骗术的大众中最主要的一个，并沉浸在其带来的名气中。有些历史学家怀疑，道森最后会告诉所有人他做的事——他只是想恶作剧一下，但他还没来得及承认就死于第一次世界大战。

另一个施展知名骗术的是英国教育心理学家西里尔·伯特爵士（Sir Cyril Burt）。他的测量结果据说证明了白人比有色人种聪明许多。但伯特爵士去世后，事实证明他的测量结果可能是捏造的。他显然不只捏造数字，还宣称聘用了一名研究助理玛格莉特·霍华德（Margaret Howard），结果这个人并不存在。[24]

在上述例子中，驱使某些科学家欺诈的理由就是渴望证明英国人是世界上最聪明的人，而且50万年来都是如此。但科学欺诈大部分的例子中，主要的动机似乎都是自尊的自我膨胀和事业上的自我推销。这最能解释三名不同的荷兰社会心理学家［德里克·斯塔佩尔（Diederik Stapel）、德克·史密斯特（Dirk Smeesters）和彦斯·福斯特（Jens Förster）］何以在2011年至2014年犯下欺诈之罪。[25]

哪里有钱就往哪里去

但还有另一个明显的动机：金钱。假如你希望发现科学欺诈，哪里有钱就往哪里去就对了。这就是为什么欺诈在医药研究比在资助拮据的生态领域研究普遍。医药研究其中一项热门的新领域就是制造生物同质性的胚胎干细胞，这显然也会吸引人欺诈。

具生物同质性的胚胎干细胞对医学来说是美梦成真。具生物同质性的胚胎干细胞和我们骨髓中的成体干细胞不同，具有适应性，可以发展成我们体内的任何一种细胞。它们必须能够如此，因为它们是一小团极初期胚胎中的细胞。事实上，它们的确成为胎儿及幼儿全身的细胞。这包括神经细胞这种一般无法自行复制的细胞。假设你的神经组织因阿尔茨海默病、帕金森病或物理伤害而受损，那你这辈子都会一直维持受损的状态。但假如你能在受损的神经组织注入一些胚胎干细胞，那些细胞就会发展成新的神经细胞，治愈伤处。目前胚胎干细胞的问题是它们来自和你基因不同的胚胎。因此，假如某人将胚胎干细胞注入你的组织，你的免疫系统可能会把它们当作外来的入侵者攻击。但要是那些干细胞的细胞核已经移除，取而代之的是你的细胞核（也就是说它们具生物同质性），那你的免疫系统就不会攻击它们。

韩国科学家黄禹锡（Woo Suk Hwang）在 2004 年震撼了世界，当时他宣称已经制造出细胞核已替换的胚胎干细胞，[26] 具生物同质性的胚胎干细胞运用于医药上似乎指日可待。然后其他科学家开始注意到一些可疑的事。黄禹锡在他的实验室使用了一些不太符合伦理的做法，这让不同科学家更仔细检视他的研究结果。那时他们发现他经过基因工程改造的干细胞只是影像处理后的虚构产物。[27] 俄勒冈州的科学家似乎利用正当方式，为其他灵长类达成了黄禹锡宣称为人类而进行的成就。[28] 但这次并没有大肆庆祝：一个欺诈者让我们都觉得像白痴一样相信他的说法，在这之后很难再庆祝正当合理的突破了。

医药研究者非常希望找到方式，将不似胚胎干细胞那样容易获得的成体干细胞发展为和胚胎干细胞一样能弹性发展的细胞。2006 年，威斯康星州的詹姆斯·汤姆森（James Thomson，胚胎干细胞最早的发现者）及日本的山中伸弥（Shinya Yamanaka）分别带领两个科学团队想出如何对成体干细胞进行基因操作，诱导这些细胞几乎和胚胎干细胞一样好。[29] 他们已创造出“诱导性多能干细胞”（induced pluripotent cells）。但基因操作无论何时完成，都有可能会出错，一定有更简单的方式诱导成体干细胞成为多能细胞。2013 年，日本的小保方晴子（Haruko Obokata）和其他科学家宣称发现了那种更简单的方式：只要让成体干细胞短暂接触弱酸，细胞就会变成多能细胞。[30] 但几乎不到一年，他们的说法显然即使不是完全造假，也不成熟且过于夸张。每个人都说，又来了。2014 年，小保方在这个计划中的指导教授笹井芳树（Yoshiki Sasai）上吊自杀。[31]

美国科学促进会（American Association for the Advancement of Science）等科学社群慎重看待了这些问题。[32] 正直诚信不只包含诚实，还包括进行对人类有益的研究，并尊重人权。

造假论文的产业

过去科学论文都会实际以纸质出版，质量控制相当良好。期刊要出版论文所费不赀，需要很多墨水、纸张、印刷设备和邮资，而且要是任何期刊背上出版论文不可信的名声，很快就会停刊。在线出版势不可当，而且可能真的有其功效，但由于这种出版方式兴起，全新的问题出现了：造假的科学论文。今日要创立“科学期刊”出版在线论文几乎花不了多少钱，现在网络上一定有几十种这样的期刊。假如你付费，它们几乎就什么都能出版。这个问题类似博客和合法出版商出版的书籍间的差异。任何会写博客、说任何事的人无论多离谱，都不会有编辑说：“你胡说八道会毁了我们的名声，害我们亏钱甚至停业！”无论你的博客多疯狂，还是会持续运作，因为这不花你半毛钱。假如你付钱给供应商把文章发表在网站上，它们就从你而非你的读者身上赚钱。网站和博客是新的产物，相当于补贴出版，特定公司会印出任何你付钱请它们印的东西。我常认为我的科学博客很可靠，[33]但写博客的过程本身并没有任何流程确保真的能这样。

一位《渥太华公民报》（*Ottawa Citizen*）的记者随便写了一篇造假的论文，寄给其中一些这种“同行评议”的期刊。[34]他一半的题目和一半的材料出自地质学，另一半则出自血液学：论文名称为“酸度和干度：土壤无机碳封存显示与自体注入周边血干细胞后低酸碱值土壤及骨髓肃清间之复杂关系”（Acidity and Aridity: Soil Inorganic Carbon Storage Exhibits Complex Relationship with Low-pH Soils and Myeloablation Followed by Autologous PBSC Infusion）。必须承认这很有创意，特别是作者还发明了“地震血小板”这种词。他收到好几封接受信。有些人注意到他剽窃，但仍告诉他稍加改写便可出版。

那有什么好不开心的？出版论文的确仍是至高无上的学术成就。但要是论文写出这种标题，还聘用撰文的应征者或提供奖励补助，那也只能怪自己。这些“同行评议”的论文显然未真正经过同行评议。任何聘用科学家的人应该都只信任读者群虽不大、但大家都认为可靠的期刊。你无法问它们是否对作者收取费用，以此区别真正和冒牌的出版商。几乎所有的期刊都是非营利，但收取“版面费”来维持运营。

显然科学欺诈或至少科学上仓促造成的成本还算得出来。从1992年到2002年，美国国立卫生研究院有5800万美元的补助花在之后撤回的研究中。[35]这是那段期间美国国立卫生研究院预算的一小部分，比很多大企业的财务丑闻少得多，但这里100万、那里 100 万，累加起来就是很多钱了。

同行评议（如之前章节所提）常难以捉摸，但至少很容易找出造假的情况。几年前我担任审查人，抓到一篇剽窃的论文。但一旦论文已经出版，就不只会在科学家间流传，连科学作家和记者也会读到。一旦在公共领域中传播，几乎就不可能改正错误。为了解决这个问题，美国科学促进会，也就是《科学》的出版者，在 2017 年 11 月开始了一项新做法：记者可以立刻联系顶尖的科学家，查证自己使用于报道中的科学信息正确与否。[36] 虽然这并没有保护阅读的大众免于接收无效且尚未公开的科学，但至少有助于减少科学上的错误信息流传。

所以继续嘲笑冒牌期刊出版的文章吧，但如果你相信那些文章，可笑的就是你了。另外，我考虑创立一本科学期刊，每篇文章只收 1 万美元。假如你有兴趣出版就让我知道，记得我就是同侪。

自己动手做

想出一个信息可能不可靠的信息来源（如某个组织）。

第十五章 受 困

最基本的人类欲望不是食物、住所甚至性。每个人最基本的欲望是了解自己的世界，解释自身经验。无论自己是否注意到，我们每个人都创造了世界的理论模型，界定我们在世界上的角色和意义，以及我们应该如何生活的大致面貌。

但一旦你在心中建构了这样的世界模型，你就受困其中了。你觉得有必要以那个模型为基础，解释发生在你身上以及你所见的一切事物。假如你的模型和现实截然不同，就会越来越难这么做。在某个时刻，随着你的信念和事实间的矛盾逐渐增加，你可能最后会明白你的模型需要改变。

或者根本不必变。有些人接触到事实或有和他们信念相抵触的经验时，会创造一套越来越复杂的解释，防止他们的信念瓦解。建构并维系这些幻想的过程称为“**虚构**”（confabulation）。虚构并不是说谎，而是制造出整个虚假的心灵世界，生活于其中。作家山姆·基恩（Sam Kean）称这是“诚实的谎言”。[1]

由于宗教是很根本的本能，处理我们最基本的问题，所以也提供了虚构最好的一些例子。其中一个例子就是基督教基本教义派的创世论。本章目的不是抨击创世论者，而是利用他们的信仰作为例子，说明虚构有时会变得多么绝望。

创世论者有很多种，但我会用年轻地球创世论者作为例子。一般认为，年轻地球创世论者的整套信仰都建构在《创世纪》。但实际上，他们的信仰建构在《创世纪》第一、三、六章。

· 他们相信地球很年轻。上帝创造地球只不过是约 6000 年前的事（《创世纪》第一章）。
· 他们相信地球创造得很完美，所有的不完美都在受诅咒时出现，这时也称为“人的堕落”（《创世纪》第三章）。
· 他们相信洪水在诺亚的时代完全覆盖地球，造成所有动物死亡，除了那些在方舟上的。这也在约 4000 年前制造出一层层的沉积岩（《创世纪》第六章）。

他们受困于这三种信念。只要遇到违背其中一项的事实，他们就必须想出借口。借口一多，他们就创造出虚构的宇宙论。

想一下第一个信念。来自遥远银河系的光的红移让银河系看起来很遥远，光本身必须穿过几乎真空的太空好几十亿年才能抵达地球。创世论者如何对待这种麻烦的事实？他们宣称上帝不只创造了所有银河系，还创造了这些银河系和地球间的光，赋予光适当数量的红移，能够完全聚焦。这让他们继续相信宇宙年龄只有 6000 岁。再者，地质学家可以利用放射定年法，测量岩石中发现的水晶中铀和铅的含量，决定出火山岩的年代。这些测量结果让地质学家得以决定火山岩以及火山岩层间的沉积岩历史是几百万甚至几十亿年。创世论者如何对待这种麻烦的事实？他们宣称上帝操纵了水晶中铀和铅的比例，让岩石看起来很古老。

想一下第二个信念。他们宣称上帝创造地球时，地球上并没有捕食性动物、寄生虫、疾病或死亡。但捕食性动物和猎物有许多复杂的适应能力，如伪装、捕食性动物飞或跑的速度、敏锐的视力以及捕食性动物和猎物都会有的本能，这在伊甸园中说不通，那里狮子和暴龙只会咀嚼植物，隼则吃种子。寄生虫复杂的生命周期相当惊人。要是没有疾病，动物为什么有生理能力加以对抗？遗传上最复杂的例子就是脊椎动物的免疫系统。最后，年老和死亡都设定在我们的染色体中，没有任何条件组合能阻挡必然迈向老龄化的过程。创世论者如何对待这种麻烦的事实？他们说上帝当时创造了所有这些结构和过程，所以将亚当和夏娃赶出伊甸园。那时这几乎等于完全重新创造了世界。

最后，想一下第三个信念。假如所有的化石都是在一次泛滥全世界的洪水中创造出来，为什么它们会依据进化顺序找到？最古老、最下面的岩石有看得到的化石，这种化石没有两栖类、爬虫类、鸟类或哺乳类动物。事实上，里面完全没有陆地动物或植物。最年轻的岩层中没有恐龙化石，最古老的森林中则没有开花植物。创世论者如何对待这种麻烦的事实？有些创世论者宣称陆地动物拼命游泳到较高的地面上，所以埋在沉积岩的最上层。我猜开花植物也不得不这样做？但问题是这种进化顺序没有例外。100 年前，英国生物学家霍尔丹（J. B. S. Haldane）提出了挑战：只要拿给他看一种被冲到岩石底层的哺乳类动物，**只要一种就好**，或许是兔子，这样他就会重新考虑他们的主张。[2] 其他创世论者不满意这种信念，他们并不认为只有游泳能创出动物化石完美的进化顺序。

创世论者已建构出精心雕琢后的虚构，顺应科学揭露的事实。上帝创造了红移、操纵了水晶中铀和铅的比例、人堕落时重新创造了整个世界，然后在大洪水来临时移动在劫难逃的动植物，都是为了要制造虚假的进化顺序。他们有任何这些主张的证据吗？没有。他们甚至没有《圣经》上的证据，因为《圣经》中并没有这些说法。他们只是捏造故事。

科学家也必须把观察纳入解释架构内。但科学并不会虚构故事，理由是每一个关于事实和架构关系的主张都能用证据验证，而且已经完成验证。创世论者建构了一个稻草屋，禁不起真实世界暴风雨般的事实试炼，他们在心理上就让这个屋子与其他外部事实绝缘。但科学家盖了一栋梁柱和砖块都很坚固的房子，在暴风雨来袭之前经事实一个一个验证，然后让外部验证的暴风雨突然降临这栋房子。创世论者会受困于他们的架构，但科学家却能够跳脱出来。创世论者相信质疑他们屋子的架构等于质疑上帝，但科学家会让所有人踏进屋子，亲眼看看那个架构。

自己动手做

想象一群人，他们的信念让他们困于虚构之中。然后检视他们对此尝试做过哪些事。

第十六章

你指的到底是什么？为什么科学家（应该）小心定义他们的词汇？

科学思考和其他思考模式间的一个差异就是前者会小心定义词汇。如果你把甲虫叫作虫子，科学家会非常不高兴。你和科学家都必须了解在日常对话中，“虫子”就是指所有可能有害或至少可能会烦人的有机体。因此，日常用语中，虫子可能是昆虫、甚至细菌。对科学家而言，虫子是半翅目或同翅目的昆虫。科学著作中不能把甲虫（鞘翅目）叫作虫子，这点很重要，因为昆虫确切的身份可能有必要知道。例如，在农业中，这种区别可能很重要。如果你只是喷洒农药扑灭所有昆虫，你就可以把它们统称为虫子。但如果你使用甲虫等生物控制媒介控制真的是虫子的蚜虫，你就不能随便使用“虫子”这个词。

有些我们使用的词汇很简单，但代表非常复杂的过程。其中一个例子就是“吃”这个字。

有很多细菌会吃糖吗？我在一本著作的原稿大胆地这样表达，但一位审查人写道：“细菌不会吃东西！它们会新陈代谢！”真是抱歉。安布罗斯·比尔斯（Ambrose Bierce）在《魔鬼辞典》（*The Devil's Dictionary*）中，将“吃”定义为“连续”（且成功）执行咀嚼、润湿及吞咽功能。[1] 我们暂且先说到这。“消化”是另一个简单的词，代表一连串的复杂过程：一块块食物在胃里分解成大的食物分子，大的食物分子在十二指肠分解成小的食物分子，然后小肠吸收小的食物分子，送至血液。还有更多解释。没有人分析字词来理解含意，我们只是在成长过程中听到成人使用“吃”和“消化”等字词，然后从上下文来理解。

有一个词汇的例子很有趣，每个人，甚至连科学家都随便使用，那就是“adaptation”。这个词在日常用语中代表“适应”，很常用，我们大多数人都能从上下文理解这个词。但科学家必须更精确，特别是面对这种词的时候。

有机体有非常多种方式适应环境或在环境中变化。也就是说很多**过程**都可以称为 adaptation。思考一下动物如何确定吸进足够的氧气进入细胞。动物的细胞可能因为一些理由而感到氧有效度偏低。动物可能剧烈运动，细胞使用的氧气比血液能补充的还多。或者动物可能生活在高海拔的地方，空气稀薄，氧气自然也较少。红细胞输送了血液中大多数的氧气，医护人员把这些细胞称作 RBC，就纯粹代表红细胞。RBC 并没有比红细胞（red blood cells）更精确，但医生希望你觉得他们很聪明。（说到精确的词汇，elevation 指的是海平面之上的高度，altitude 指的是地平面以上的高度。）

人至少可以用两个过程“适应”低氧有效度，并让细胞获得更多氧气。其中一项过程是心肺更剧烈运作，运送更多氧气到组织中，这是简单的生理学。或许也没那么简单，因为这需要脑干监控血浆中的二氧化碳浓度，并传送信号到心肺的肌肉。你的身体会这样做，但不需要改变基因活化模式。

另一个过程是骨髓开始制造更多红细胞，这会让每毫升的血液运送更多氧气到组织。一个人必须在高海拔地区住一周左右红细胞数量才会开始增加。这些是基因活化中实际的变化，常称为**“气候适应”**（acclimatization）。这解释了为何连为低海拔地区举办的赛事进行运动训练都常选择高海拔地区。[2]

还有另一个过程让人能“适应”低氧有效度，但这必须从幼儿期就开始。在安第斯山脉（the Andes）这种高海拔地区长大的人实际上会发展出比体形应有更大的肺，[3]但已经长大这就做不到了。因为这项过程代表身体结构可以塑造成不同形状，就像塑胶一样，所以常称为“可塑性”（plasticity）。气候适应只有在身体结构限制下才会出现，而可塑性可以将身体结构改变到某个程度。

生理上的调整、气候适应和可塑性是个别有机体唯一能做到的事。有机体不能改变基因。只有进化随时间改变了不同基因变异的相对比例，才能做得到这一点。天择或人择（下一章会解释）造成进化适应。不同族群的人，如住在安第斯山脉和喜马拉雅山等高地的人，世世代代都生活在高海拔地区，他们实际上就进化出制造更多红细胞的能力。[4]

因此，有 4 种不同的过程可以称为“适应”。每种过程造成的身体特征也可以称为“适应”。这造成“适应”这个词有 8 种可能的意义，甚至更多。[5]进化科学家只将“适应”用于进化的过程或产物。医药研究中，你仍然可以读到其他种类的适应，或许这是因为考虑到进化的医药研究者相对较少。

从那里开始越来越复杂了。例如，随进化时间过去，植物产生许多方式适应炎热干燥的环境，这些方式其中之一是一种称为“景天酸代谢”（C_4 metabolism）的代谢作用。全世界有高达 7500 种植物，大部分是干燥栖地的草，这些草就具有这种代谢作用。而这种适应似乎进化自不同的进化祖先，且多达 45 次。[6]那如何量化这种适应？景天酸代谢是**一种**适应，但这是进化 45 次后造成的，而进化制造出 7500 种使用景天酸的物种。或许最恰当的说法是，景天酸是一种进化 45 次后的适应方式，但说这种进化出现 7500 次就错了。这是约瑟夫·费尔森斯坦（Joseph Felsenstein）说的“系统发生效应”（phylogenetic effect）。[7] 你要计算适应的起源数目，而不是有这种适应能力的物种数目。

另一个科学家使用字词非常精确的理由是其他一些科学家正在等机会，看他们精确程度稍微出差错，就可以把他们狠狠驳倒。有时候吹毛求疵的科学家会说：“那个博学多闻的博士是要说……”然后对讨论的说法给了一个奇怪又不正确的解释。事实上，这并不是说作者想表达什么，而是批评者想推论或“故意扭曲”，得出荒谬的结论。科学家会精确撰写和发言，让这种细枝末节的争论无从开始。

科学家会密切注意生理过程和进化，他们无法承担使用“虫子”或“适应”这种不精确的字眼。科学家也很小心措辞，并深切意识到科学结论暂时性的特性，以致非科学家可能认为科学家比其他人对事物更没有把握。事实上，科学家会“更有”把握，因为他们知道自己信念精确度的限制，这在之前章节就已提到。他们认为欠缺把握是伪科学家利用来评论“科学家没办法肯定”的说辞。但假如我的统计分析说 $p = 0.015$，即使我用了很多如“看起来似乎”的谨慎用语，还是可以说我有 99.5% 的把握我是对的，但牧师和政治人物还不敢这样说。

幸好精确、清晰和优美的写作**有可能**同时达成。科学传播是一门科学，也是一门艺术。

自己动手做

想一个你常用但别人可能误解的词。

SECTION 3

大概念

哲学家和神学家认为他们本身有一些大问题要回答，特别是关于人性的问题。但科学不只处理大问题，好几百年来，也征服了哲学和宗教不得不回避的大问题领域。

第十七章 自然选择：有史以来最大的概念

科学中最重要的概念是什么？对我来说，这很容易选择，最重要的科学洞见就是达尔文发现的**自然选择**。我并不是说他发现**进化**而已，他还为此收集了令人信服的证据。自然选择是达尔文和科学界最大的发现，自然选择解释了进化如何运作。

我在本章中会解释，这不只是有机体的进化而已，而是包括**万事万物**。

我们都知道的世界有两种现实。一种具有支配一切的秩序，可以称为“自然法则”。这些法则在世界各处运作，这就是为什么我们称所知的一切为“宇宙”（universe），而这个词来自拉丁文的“一”。我们现在知道这些法则是自然的一部分，而不只是神明因持续意志或一时兴起强加自然之上。太阳不是亥伯龙神的战车，月亮也不是雪莱（Shelley）说的“圆脸的少女，一身白火焰”。[1] 宇宙不是古人所想的，是一片混沌的海洋（《创世纪》第二章提到“空气以上的水”[2]），反而井井有条。我们对宇宙这部分的理解是伽利略和牛顿等人加诸西方人心智之中的，重力和动量的简单等式解释了所有行星和其卫星间的活动。

但我们也知道这个宇宙仍包含了许多混沌之处。无论你是不是牛顿，有很多事物看起来没有明显理由就发生，这通常出现在我们每天的日常生活中。宇宙虽然和平有秩序，但仍有很多恐怖之处。

自然选择利用自然法则的运作，将现实的这两个方面系在一起。达尔文的洞见简单得惊人，我们很多人都有和达尔文友人赫胥黎一样的反应：我是有多笨，早该想到的！[3]

为了爱猫者的进化

以下是自然选择运作的方式，我们会像达尔文一样把这概念用在有机体上。就让我们用很多人最喜欢的动物，也就是猫。让我们再次搬出猫咪巴多罗缪。

首先，显然没有**猫**这种东西。猫全属于同一种物种［家猫（Felis catus）］，但大小、体形以及毛的长度则极为多样。有会因为自己的毛球噎到的长毛猫；有几乎无毛、会发抖的猫，这种猫受到会过敏的猫主人喜爱；另外还有所有介于两者之间的猫。对达尔文来说，并没有一种“猫”的原型，而是各种不同的差异，组成了猫这个物种，任何其他物种也是如此。[4]就我们所知，这种差异是随机的。新的基因突变会到来或会是什么样子根本无从说起。在猫的物种中，毛的长度就有非常多种。

再者，在寒冷的环境中，长毛猫会比短毛猫容易存活。因此，长毛猫生的小猫比较多，也会把长毛基因传下去。下一代的猫会比上一代生出更多长毛猫。

第三……没有第三了，就这样了。猫的族群进化出较长的毛，那就是自然选择。

这也是**进化适应度**的含义。适应度只是长期且成功的繁殖。在这种情况下，长毛猫较能适应。肌肉发达但没有后代的动物可能“身体健康”，但进化适应度为零。

要注意的是**未**发生过的事。猫并没有全都发展出较长的毛，个别的猫并没有变化。长毛猫有长毛，短毛猫有短毛。真正发生的是长毛猫生的小猫多，短毛猫生的少。进化无法在一个世代发生，反而是代代相传，而长毛猫就变得比短毛猫多。

另一件事并没有发生：除了猫的正常生命历程外，自然选择并不需要让任何猫真正死亡。最成功的猫会留下较多后代，较不成功的留的就较少。有可能其中一些小猫死亡，但并没有发生"最适者"残杀"较不适者"的血腥战争。

所以别让任何人告诉你进化是随机的。自然选择影响到所有外观的遗传变异都是随机的，但自然选择并不是——在这个例子中，自然选择了最符合自然法则的猫，也就是毛最能维持身体热量的猫。若你想等猫的族群纯粹靠运气进化出较长的毛，那可能需要等一辈子，但自然选择会把方向性加诸进化之上。

但进化还有一种随机的元素。环境变冷对我们和猫一样都无法预测，你可以把这当作随机事件。环境也可能随时变暖，这样短毛猫就较能适应，而进化的方向也会改变。

达尔文深切意识到他正把神秘的进化过程带进自然法则的领域中，就像牛顿把地球和天上事物的运动带进自然法则的领域中。《物种起源》可能是现代世界最知名且最有影响力的著作，[5] 在书中最后一段，达尔文写道："这个星球根据固定的重力定律一直转。"[6] 1784 年，哲学家伊曼努尔·康德（Immanuel Kant）写道，不会再出现"为了一株草而生的牛顿"。[7] 但达尔文已经成为那个人了。然而过程中，他并没有让进化的过程造成完全可以预测的结果。相反，他将混乱、随机的遗传变异和环境的改变与自然选择有秩序的过程结合。

这是全新的思考方式。命运不再存在，所有发生的事不再是命中注定——除非你真的知道宇宙中的能量和每个分子、原子的质量，否则你永远无法预测宇宙的未来如何，也不是只存在混沌。

为了了解自然选择，达尔文广泛研究**人工选择**（artificial selection），如作物和家畜的育种。这实际上是相同的过程，但成功的法则和自然选择不同。以人工选择来说，养殖者决定下一代要繁衍哪些动物或植物。达尔文并未只依循科学家同侪的说法，还与作物及家畜的养殖者互动，特别是鸽子的养殖者。这样他可以直接从他们身上获得这种过程的信息。[8]

达尔文通过研究人工选择，学习到两件重要的事，都和自然选择相关。第一，野生物种含有大量遗传（他称为可遗传的）变异，我们肉眼看不见，但可以在一定程度上由养殖者从族群中萃取出来。所有养殖鸽的奇特特征，如花枝招展的羽毛都会出现，但在野生鸽子中却是隐性特征。第二，他发现选择如果强而持续，就会快速出现。人工选择强而持续，并在短短几百年选择性繁殖的时间内，制造出惊人的动植物物种。这比野生环境进化一般要花上几百万年短得多。但在野生环境中，选择很少这么强而持续。

今天了解自然选择对我们来说极为重要，因为这造成了抗药性病毒和细菌的进化。抗药性菌种因过度使用这些药物而经选择出来，因此药物对抗疾病的效果越来越差。即使这出现在家庭和医院的人为环境中，仍然不是人工选择，因为医药研究者并未“尝试”制造具抗药性的细菌。

我们通常把繁殖作物和养殖家畜视为人类加诸在动植物上的事物。但如同之前章节所解释，选择会双向出现，作物和家畜并不单纯是我们的奴隶。我们选择高产量的变种玉米，让玉米成为好几百万英亩的农地中主要的作物，赋予它唯有借此才能获得的进化适应度。[9]一位作家甚至建议某些族群的动物应“选择”驯养，以提升本身进化上的成功概率。[10]

多样性的进化

自然选择也让我们得以了解新物种的起源。想象一下 4000 万年前，整个北半球相对温暖，古代毛较少的大象族群居住在这里。然后冰河时期来临。古代的大象要是居住在温暖、阳光充足的南半球，就会维持无毛，并进化成印度和非洲的大象。留在寒冷北方的大象则进化成有毛的大象，我们称为猛犸象和乳齿象。由于在这个过程仍持续进行时，大象族群没有进行同物种杂交，自然选择因此产生了不同的厚皮物种。

自然选择制造出许多不同种类的适应方式，我使用我最喜欢的一些有机体作为例子：树木。橡树、棉白杨和赤杨木提供了三个例子，说明树木如何在各种环境条件下生存并繁殖。

橡树生长在相对稳定的环境中，一棵树能合理预期生存几百年而不会遭破坏死亡。在这些条件下，从科学家的观点来说，一棵树投入很多资源长久生存“很合理”：如制造出坚硬的木材。制造坚硬的木材很花钱，这就是为什么橡树长得慢。但何必要急呢？树木可能有机会活上好几百年。

相较之下，棉白杨沿着河、溪和湖生长，这种地方的每棵树因为洪水而遭破坏死亡风险很高。能够活好几百年的树很可能不会这样。成功的树木就像詹姆斯·迪恩（James Dean）一样，快速生长、英年早逝。棉白杨长得很快，可能在下一次洪水到来前就制造出种子。棉白杨的树干会制造出脆弱的木材，制造可以存留几百年的木材没什么意义。脆弱的木材往往木质部很大，可以运送很多水到树叶，让棉白杨快速生长。没有在头 100 年遭破坏死亡的棉白杨很可能不久后就因为年老而倒下来。

还有第三种适应的方式，赤杨木和柳木就是使用这一种，这两种树也生长在水路旁。它们制造出许多小树干而非一个大树干（所以它们是灌木而非树木）。树干不会活很久，但地底下的树丛可能存活好几百年。洪水来了就破坏树木造成死亡，第二年甚至更快，新的树干就会从树丛中冒出来。

我们在这里看到三种树木生长的适应方式，功效一样良好。橡树的生长模式对高地森林稳定的环境来说很好，棉白杨和赤杨木的生长模式对水路旁不稳定的环境来说也很好。就我看来，棉白杨和赤杨木展现出两种截然不同的生长模式，看起来似乎也都是适应沿岸环境的适应方式，两者功效一样突出。

利于任何能发挥作用的条件，这制造出多样到惊人的适应方式，因为每个进化谱系都以不同方式适应同样或不同的条件。

持续进行的人类进化

从我们的进化起源开始，人类就持续在生物上进化。然而，我们进化主要并不是为了回应自然环境的改变，而是为了回应**我们对自身环境造成的**改变。事实上，我们造成了自己的进化。诚如前面章节所提，有些人类的族群想出了农业，那些族群后来大致上就依赖含大量淀粉的作物。自然选择有利于较擅长消化淀粉的族群。此外，有些族群的人想出如何放牧动物，并饮用它们的奶。年幼的哺乳类动物可以消化乳糖，但成年的哺乳类动物却罕有这项能力。不过人类的成人中，放牧家畜的人比其他人更有可能有能力消化乳糖。[11] 这些都是遗传、进化的改变，因自然选择出现在人类族群中。

在大多数例子中，人类发明了一些方式解决我们遇到的问题，这包括乳糖不耐症的问题。人类发明了奶酪、酸奶、克菲尔牛奶酒等，作为保存牛奶避免腐坏的方式，微生物分解乳糖也让牛奶更容易消化。假如环境变冷，我们不是进化出较长的毛发，而是发明衣服。如此一来，我们无毛、热带的身体就可以生活在偶尔寒冷或持续寒冷的环境中。科技是我们最重要的适应方式。

万物的进化

自然选择也适用于万事万物。自然选择并不只解释了有机体，如猫的进化，还解释了其他所有事物的进化。[12]

甚至连科技也会进化。[13]如果有人想出一个好概念，这个概念就会传给其他人。概念活在人的大脑中，就像有机体活在自然环境中一样。整体的概念中，好概念会比坏概念复制得更快，就像有些有机体会繁殖较多一样。这也是自然选择的一种类型。

好的概念不一定要合乎道德或正确才能在人类大脑内经自然选择而传播。我认为今天说“马尔杜克（Marduk）是伟大的神，神希望我们除掉你！”是错误的概念，但这个概念却通过巴比伦人的想法传播，并激励他们征服其他部落，打造出世界上第一个帝国。无论这概念多令人反感，都还是成功了。征服者夺下奴隶和农地，让他们可以喂养马尔杜克的概念存在的大脑。

自然选择也解释了科学论文越来越容易出错的原因，我在前面的章节讨论过。科学补助和工作机会竞争激烈，在这样的世界里，正确还不如抢第一划算。[14]这和发现自然选择的达尔文理念南辕北辙，达尔文发表《物种起源》之前，研究了这个概念20年。现代科学家急着发表，而创世论的批评者发表的对进化的攻击欠缺深思熟虑，没有一个可以像达尔文一样说一句“我并不是匆忙得出结论”。[15]

因此，概念会因自然选择进化。[16]无论本身质量如何，成功的概念就是流传最广的概念。这就是为什么粗劣的小说往往销售量超过杰出的小说。我们应该都同意狄更斯的《圣诞颂歌》（*A Christmas Carol*）是杰出的小说。这部小说改编成无数电影和学校话剧，进化成许多形式，堪称狄更斯进化史上最大的成功。但小说第一版并不如他预期的那样在商业上获得成功。他自费出版了《圣诞颂歌》，大概赚了230英镑，而非他预期的1000英镑。[17]

但《圣诞颂歌》让狄更斯在概念的世界里永垂不朽。我不知道他是否有还在世的后代，但他的确活在好几十亿人的大脑中。如果概念间彼此接触，也更容易成功传播。概念不只在大脑中，也在大脑互相联结的社会中进化。[18]

自然选择也可能出现在计算机**之中**。有一派的计算机科学称为“进化计算”（evolutionary computation）。[19] 以下就是进化计算运作的方式。想一下一台设计引擎零件的计算机。程序设计师输入零件的设计，这设计或许很好，又或许一无是处。计算机产生这个设计微小的随机变化，这些变化加上原始设计组成了一个总体，这个总体并不是活在森林或海洋中，而是在计算机的记忆体之中。然后计算机会选择在那个特定引擎的环境之中，运作最好的变化形式。接下来计算机会产生另一套变化，接着再选择最好的一个。计算机重复这样运作，这是它的专长，而且不会累。每秒万亿次浮点运算几次后，你就拥有了看起来设计精良的引擎零件，制造方式不过是重复进行随机变化和自然选择。

自然选择也会发生在计算机**之间**。网络空间这个互动的生态社群可能和森林或海洋中一样复杂。网络空间中很多“物种”很危险。“垃圾邮件”大多只是烦人而已，但病毒就可能感染电脑。**生物**病毒并不是有机体，而是信息（DNA 或 RNA）的一段，通常受到蛋白外鞘保护。生物病毒取得细胞制作它们的副本，并将这些副本送出感染其他细胞。**计算机**病毒虽然不是硬件的一部分，但是以相同方式以少量软件让计算机制作其副本，并传送到其他计算机。就像有些生物病毒相对无害，有些计算机病毒也只不过是无害的复制者。但在很多例子中，计算机病毒留下一些指示（通常称为“恶意程序”），会伤害计算机或窃取使用者的个人资料（而且会对所有接收到病毒的计算机如法炮制）。就像捕食性动物和猎物被锁在一个进化螺旋中（猎物必须进化出面对捕食性动物时更好的保护方式，而捕食性动物必须进化出更能侦测猎物的能力），计算机程序设计师也一样：有些会设计对抗病毒更好的防护方式，有些会设计病毒和恶意程序避开防护。有些垃圾邮件和病毒本身会自动自我变化，以便躲过垃圾邮件和病毒侦测。

自然选择或许解释了宇宙万物。我现在要大致说明的概念不太正规，有些人还会认为很荒谬，但你不能否认它的吸引力。那就是物理学家李·斯莫林（Lee Smolin）提出的“多产宇宙”（fecund universes）假设。[20] 他提出问题，问为何通用常数（如重力）“刚好”可以制造出恒星，然后因此可以制造出行星，而又因此可以制造出生命？这些常数所有可能的数值刚好都落在正确范围的概率极低，这等于是说我们的宇宙几乎不可能存在。事实上，几乎不可能存在一个宇宙有能力制造恒星，更何况是生命。只有大质量恒星能制造碳原子，而碳原子正是生命的基础。只有大质量恒星毁灭时，才能制造出黑洞。但我们就在这，一个具有恒星、碳原子和黑洞的宇宙。有些人声称这就是上帝存在的证据：只有上帝能做到这些事。斯莫林则提出不同解释。

斯蒂芬·霍金（Stephen Hawking）提出一个概念，认为每一次一个黑洞形成，就有一个新宇宙在里面。[21] 这样假设有何不可？反正从没有人知道黑洞里有什么。现在宇宙中可能有好几兆多产的黑洞。也就是说，我们的宇宙正在复制之中。再进一步假设，有个宇宙制造出黑洞，并从中冒出来，而这些婴儿宇宙每一个常数都和这个宇宙略有差异。

这是宇宙相当于遗传变异的地方。这些婴儿宇宙有许多会具有可能制造出恒星的常数。事实上，大多数婴儿宇宙会自我塌陷，诞生时便在飞秒内灭亡。一些婴儿宇宙偶然会具有正确范围的常数，让它们可以存在几十亿年，制造出很多恒星和新的宇宙。具有正确常数的宇宙通过此过程，就能够复制出和它们本身相近的宇宙。这就是为什么大多数宇宙和我们的宇宙很相近。这就是为什么我们的宇宙不应该那么惊人——它不过就是典型的宇宙。

你可以把这想成以宇宙为规模的自然选择：较弱的宇宙可能立刻灭亡，而强大的宇宙会存活很久，而且有复制能力。不管有没有用，我喜欢这样。当然，因为我们永远无法了解其他宇宙，而这个概念会一直无法验证。

我们生活在一个宇宙中，或许是一个多元宇宙，自然选择在每个地方都运作。这就是为什么我认为达尔文的洞见是人类有史以来最重要的概念。我们生活在一个宇宙中，而自然法则会随机制造秩序，但这种秩序并不是可以预测的结果，也不是任何神明的意志展现。

自己动手做

想一个你熟悉的事物（物品、流程或艺术形式），并解释这如何进化。

第十八章　重新发现人性

所有的大问题中，宗教、哲学和文学最常主张专属于本身学科的问题，就是人类何以为人类。这也是为什么这种综合的研究领域称为“人文学科”。但科学中蕴含很多关于人的意义，远远不只是描述人类器官和生理过程而已。

错误的人性理论很多。首先是基本教义派的宗教观点，表现在上帝对诺亚宣告大洪水即将来临时所说的话。上帝说人心思想“尽都是恶”。[1] 耶利米（Jeremiah）则说：“人心比万物都诡诈，坏到极点。”[2] 还有人认为人性尽是良善，只要我们把社会中人为的邪恶影响阻挡在外即可。但上面说的都不是人性。

那什么是人性？人性是善或是恶？科学所提供最伟大的洞见之一就是人性两者皆备，会这样说有很好的理由。人类进化后通常会善待族群**内部**的人，但对外部的人就会显现恶意。我在这里指的是科学家说的物种内部**利他行为**，而非**互利共生**，也就是物种间的合作。你可以将利他行为定义为**善有善报**。[3]

长期以来，进化科学家对一种动物为何对另一种动物友好的谜题百思不解——你也可以说，为什么动物有时候会彼此相亲相爱。假如进化只是纯粹冷酷无情的竞争，那为什么有动物会对彼此友好。这当然不只是进化的问题，也是创世论者的问题。假如友好是不智之举，那即使在创世论者所承认宇宙存在短短几千年的历史中，表现友好的动物也会绝种。上帝必须时时将新的爱注入自然世界中，用爱给生命提供保障。

在紧密的人类族群之内（史前时代就是村庄），有各种各样的理由让人善待彼此。善待彼此有助于他们将基因传给后代，这是进化成功的关键。

第一，很多村庄里的人彼此是近亲。你可以有自己的孩子传递基因，也可以帮助亲戚照顾孩子，他们会间接传递部分你的基因。就传递基因给后代的效果来说，帮助亲戚成功抚养孩子并不如自己有孩子，但有一半有效，或四分之一有效，或八分之一有效，这取决于他们和你亲戚关系多近。这种适应度称为**“整体适应度”**（inclusive fitness），因为这包含你亲戚的孩子，而不只是你自己的而已。[4] 作家一直都知道血浓于水，但直到 20 世纪，科学家才想通这点。

第二，为了有适应性，你不只要有后代，还要后代成功生存下来。进化对于那些成为父母的动物的奖赏，不如给成为祖先的动物多。为了成功生存，年轻的后代需要资源，无论是食物或社会机会。在人类、黑猩猩、大猩猩或狗这种群居物种中，获得资源最好的方式之一就是和族群里其他的动物合作。以科学的词汇来说就是互惠（reciprocity）——我为另一个人做了件好事，我就获得某种资源作为回报。我是说资源，而不只是温暖、模糊的感觉，这就是直接互惠。[5] 作家一直都知道这点。《圣经》中的“传道书”（Ecclesiastes）的作者传道者（Qoheleth）近 3000 年前就说：“若是跌倒，这人可以扶起他的同伴；若是孤身跌倒，没有别人扶起他来，这人就有祸了。”[6] 但再次说明，科学家直到 20 世纪才想通这点。

第三，即使受惠者永远无法报恩，还是可以对无助的人慷慨。

慷慨的人会在看到或听闻善举的人间传出名声，大家会认为值得信赖。在银行，名声比金钱有价值。如果你名声好，通往各种资源的大门都会为你敞开。这是**间接**互惠，因为奖赏间接来自观察者，而不是直接来自受惠者。[7] 关键就在好人的慷慨**别人看得到**。直接互惠会以几个好朋友奖赏你，你可以向他们求助，他们也可以向你求助。间接互惠用一整个村的人奖赏你，他们都愿意帮你的忙。[8] 再次强调，作家一直知道这一点。

埃比尼泽·斯克鲁奇（Ebenezer Scrooge）是文学中最有名的角色之一。他膝下无子，也没有帮助他的外甥抚养孩子。他没有直接或整体的适应度。他对直接接触的人尖酸刻薄，而且拒绝帮助穷人，因此放弃了直接和间接互惠。他是进化上的失败品。

利他行为是你的作为，但同理心这种强化利他行为的情感也给予了进化适应度。[9] 同理心和爱是你的感觉。在很多例子中，自然选择对两者都有利。这就是为什么当好人会感觉很好。[10]

有些进化科学家抗拒利他行为可能是进化产物的概念。他们总是指出一个明显的问题，认为自私的骗子会搭上其他人慷慨无私利他行为的顺风车。但进化赋予动物两个机制避免发生这种情况。

第一，是智慧。人类有足够智慧记得谁能信任、谁不能。智慧不只是记忆事实的能力（智力智慧），还有注意潜意识信号的能力（情绪智慧）。欧内斯特·海明威（Ernest Hemingway）说，大多数人有很好的内置废话侦测器，让我们可以分辨假装成合作伙伴的骗子。这些信号在面对面接触时几乎可以立刻注意到。你看着一个人的眼睛，潜意识就能明白要不要信任那个人。

第二，是甜蜜复仇的情绪。没有一种愤怒会像对骗子一样激烈，这就像你对他人好，然后那个人从背后刺你一刀一样。很多文学作品讨论的主题，就是如何解决对背叛我们信任的人的愤怒。

当然，在史前村庄中还有其他社会动力在运作。例如，支配阶层就是一种，也就是雄性领导者。但无论在人类的村庄或一群黑猩猩中，雄性领导者取得权力多半是因为利他行为，而非蛮力。他们必须在自己亲近的朋友群中，利用互惠赢得支持。如果你想的话，也可以在狐朋狗友里这么做。

但在村庄之外，自然选择就对暴力有利。从一个村庄来的战士可能会屠杀另一个村庄的居民，而且感觉非常愉快。受害的村庄并未承载征服者的基因（直到男性征服者让那里的女性怀孕为止），而且往往不会提供征服者任何互惠。

我们继承了两种本能：复仇和对外人毫不手下留情的“邪恶”人性本质，强化了村庄里利他行为的“良善”人性本质。爱与恨两套情绪蠢蠢欲动，等待上场。整个人类历史中，我们一直在延伸族群的界限，现在我们已经很习惯感受到对世界上所有人的利他行为。[11]

所有人都是平等的吗?

科学对此也有几句话要说，简单回答的话，答案是肯定的。人类种族从共同祖先产生分支不过是过去 10 万到 20 万年前的事。除了之前提到淀粉和乳糖消化的例子之外，时间可能还不足以发生任何显著的进化。此外，无论在世界上任何身体瘦弱的人类移居之地，自然选择都对创造力以及智慧有利。

诚实的思想家长久以来一直认为，有些种族以及种族内的上层人士“天生”（之后是遗传上）较优于其他种族或种族内下层人士的概念，不啻是无稽之谈，甚至更等而下之。纳粹就企图孕育出纯种的雅利安人。第二次世界大战后很多年，这些特别孕育的人彼此相遇，他们发现自己和其他人并没有哪里不同。[12]

杰斐逊个人了解许多欧洲皇室成员。他不只相信君主世袭制错误，也知道他们很愚蠢。他强烈相信民主是应遵循的正确道路，而且有必要给予每位公民机会，跃升民主社会的顶端，以清除君主制社会中像浮渣一样的蠢人。1810年，杰斐逊写了一封信给州长约翰·兰登（John Langdon）。[13] 信上写道：

把任何种类的动物关起来，让它们无所事事，无论那里是猪圈、畜舍或议事厅，都用高营养的食物细心照顾，满足它们所有的性需求，让它们沉浸在性欲中，然后消除任何会让它们思考的事物。几代之后，它们就只剩身体，没有灵魂。而我们也遵照那种法则，时不时改变我们为满足私欲所饲养动物的特质和习性。这就是培育国王的体系，他们已经持续这种方式好几百年了。世袭的君王经过几代之后就会变成那样，无一例外。《列王记》就这样结束了，愿神救我们脱离这一切的人。

科学显示过去种族歧视和压迫的观点根本是错的，而科学也是持续领导打破种族及国家间藩篱的几个重要力量之一。

但有时候科学家就像其他人一样，行为可能没有多加思考，以致看起来像带有种族歧视。历史上大多数科学家是白人男性。这种情况正快速改变，但科学家还是白人、男性比其他族群的人多。无论是史前时期残存的或现代社会的参与者，白人男性科学家大驾光临部落研究，部落该怎么想呢？很多美洲原住民部落拒绝参与DNA检验，这种检验目的是重建他们过去的遗传史。他们常害怕DNA检验是另一种白人的工具，目的是延续迫使他们背井离乡的过程。很多药物的化合物最早在热带植物中发现，而全世界居住在热带森林的部落常将他们的医药知识与白人研究者分享，而白人企业因此致富。

科学家真的正努力处理这个问题。药品研究者不会在未经许可的情况下，使用从原住民那里获得的任何知识。可能的话，也不会没有补偿就使用。近来有些科学家不只是把原住民当作资料来源，也开始欢迎他们担任共同研究者。一位科学家将对他最有帮助的亚马孙原住民阿夫卡卡·库伊库罗（Afukaka Kuikuro）列为一篇重要论文的共同作者，库伊库罗就属于库伊库罗族。[14]

宗教本能

很多人认为科学是宗教的敌人。随着科学发展，宗教绝望地退守一边。其中一个这样想的人就是杰斐逊。他写道："不同宗教派系的神父都害怕科学的进展，就像女巫害怕日光到来一样。致命的预兆宣告要分割他们据以为生的骗术，于是他们怒目以对。"[15]天啊，我真希望自己说过那样的话。你对科学越了解，宇宙中分给上帝的空间就越少。你也明白，**非宗教的科学解释永远管用**。我们假设没有上帝的说法从来不会让我们的解释失败。

我们和那些围着营火的史前人类有一样的大脑，宗教生长在我们的大脑中。我们总是会合理化事情，有时会运用理性推断。你期待这样的大脑对宗教客观吗？我的大脑当然没办法。无神论者或宗教信徒也没办法。

很多人认为达尔文式的进化是对上帝最终的攻击。但实际上，心理学才是宗教最强悍的敌人。根据科学家安德鲁·纽伯格（Andrew Newberg）及尤金·达基里（Eugene D'Aquili）的说法，我们可以发现**大脑**对所有发生在人类**心灵**的事都有偏见：快乐、恐惧、愤怒、肉欲，甚至连宗教经验也是。[16]也就是说，心理学可以解释关于宗教经验的一切，甚至是过去视为和恶魔相关的癫痫等现象。再者，宗教或许是人类难以拔除的一部分。[17]尼古拉斯·莫斯利（Nicholas Mosley）的小说《有希望的怪物》（*Hopeful Monsters*）中，就有一张令人难忘的图讲这一点。[18]甚至连某些无神论者在他们的秘密时刻也感觉到受宗教吸引，就像大部分人受巧克力吸引一样。

这种对宗教的探索留下悬而未解的问题，一直停留在我们心中：我们怎么知道孰是孰非？很多人坚称科学不能回答这个问题。其实文学或宗教也不能，但科学可能比其他我知道的所有方式更能回答这个问题。山姆·哈里斯（Sam Harris）主张我们可以科学作为道德的基础，他说得有点过头了，[19] 但我认为他的概念正确。我相信任何促成利他行为的事物（我们大部分人称为爱）都是良善的，会破坏利他行为的都是邪恶的。科学帮助我们稍微更了解人类爱的能力来自何处。

自己动手做

我确定你可以想到很多人类做过的真正无私的行为。选择其中一件事，并思考即使行事的人并不自私，自私的自然选择如何推动行为模式进化。

SECTION 4

科学在世界上的角色

科学和科学家应该在世界上扮演什么角色？科学家可以把时间都花在研究自然世界上并享受其中，忽视给其他所有人带来的后果，但这样的日子已经过去了。之前解释过，科学发现对人类如何看待自己在宇宙中的地位有所影响。同样地，科学发现也影响人类身为个人及社会与世界的群体，决定该做什么。

之前几个世纪，世界可以自我保护。但现在所有的人类活动都紧紧相系，对自然世界产生冲击，我们不再能让世界自生自灭。根据《地球·地球》（*Eaarth*）的作者比尔·麦克基本（Bill McKibben）

的说法，人类活动将地球改变成与其45亿年生命中大半时间面貌相当不同的星球。[1]假如我们人类使用科学探究产生的知识，就可以阻止我们面临的危机。

如我在前言所提，我们最需要的不是来自科学的知识，而可能是科学的思考方式。国会成员中科学家数目稀少，其中两位分别是共和党的沃恩·埃勒斯（Vern Ehlers）和民主党的拉什·霍尔特（Rush Holt）。[2]他们在国会中运用科学思考的机会比运用科学的机会多。

这些章节会显示，科学理应在政治决策上扮演重要角色，但结果往往并未如此，而最好的科学家灵感来源是公共服务。

第十九章　政治世界中的科学家

科学的过程及其产生的知识对人类未来生存至关重要，人类生存主要掌握在政治和经济领袖手中。他们大都忽视科学，有时候还因此沾沾自喜。在这样的情况下，科学家要是得出政治人物不喜欢的结论，就几乎难以避免政治化。

烟草的例子

我预测不久之后，每个人都会很清楚全球变暖的事实，就像我们现在了解否认抽烟和癌症间的关系有多愚蠢一样。但否认抽烟和癌症间的关系并不是因为愚笨，反科学的游说者过去不笨，现在也不笨。烟草公司刻意资助不实信息的广告活动，内容与抽烟对健康的危害有关。

大型烟草公司因销售产品而赚了很多钱，而售出的产品大多是香烟。联邦政府规范销售产品范围，以保障产品不会危害消费者。产品安全的政府规范从 100 多年前就开始，至今拯救了无数生命。同时，产业销售安全产品也成效良好，和销售不安全产品一样有利可图。因此，烟草公司希望消费者认为它们的产品很安全。再者，有一个假设是我们整个经济体系的基础：消费者能自由选择是否要买一样产品。上瘾的消费者无法自由选择不买自己上瘾的东西。烟草公司在这两方面都失败了：它们的产品不安全，而且会上瘾。烟草公司自然想压制这些事实，而有很长一段时间它们完全没事。

烟草公司第一个想压下的真相就是抽烟可能会致命。几十年来，人们都知道抽烟的人比较容易得肺癌、肺气肿还有很多其他致命的问题。抽烟和肺癌频率增加具有相关性。肺癌虽然不是最常见的癌症，但过去和现在仍是癌症主要**死因**之一，而绝大多数的肺癌患者过去或现在会抽烟。

但你如何证明抽烟**导致**肺癌？其中一项证据是先抽烟才有癌症，不可能是反过来，还是可以？你一定可以说不健康的人选择抽烟（或许这让他们觉得比较舒服），而同样这些不健康的人得肺癌的风险较高。另一个因果关系证据是抽烟和暴露于烟雾的特定身体部位得到的癌症有关。例如，抽烟并未和皮肤癌强烈相关。这些并未绝对证明因果关系，却是足够强大的证据，联邦政府不得不从 20 世纪 60 年代开始，要求在香烟包装上附上警示语，而政府也在 20 世纪 70 年代禁止电视和广播播放香烟广告。尽管烟草业聘用科学家质疑证据，还是出现这种情况，但这些科学家并不是医药方面的专家。[1] 其中最知名的是物理学家弗雷德里克·塞茨（Frederick Seitz），最后终于找到因果关系的证据。到了 20 世纪 90 年代，科学家已经发现香烟的烟雾（苯芘）中，哪种化合物会致癌以及何以致癌：这种化合物会与 p53 肿瘤抑制基因结合，使其变异，而 p53 肿瘤抑制基因是预防癌症的基因之一。[2]

烟草公司第二个希望压下的真相是烟草会上瘾。科学家已经知道尼古丁成瘾这件事很久了。然而，国会在 1994 年时传唤主要烟草公司的主管作证，他们**全部**举手发誓他们不相信尼古丁会上瘾。[3] 大约同一时期，其中一家烟草公司一名员工影印了部分内部研究文件，发给《美国医学会杂志》（*Journal of the American Medical Association*）。[4] 这些文件证明烟草公司从内部秘密研究中，就知道尼古丁会上瘾。企业研究人员甚至把香烟称为尼古丁输送设备（NDDs）。他们不仅知道他们正在贩卖会上瘾的产品，还知道上瘾本身就是他们的产品。

烟草公司不但知道上瘾本身是它们的产品，也知道大多数瘾君子很年轻时就开始抽烟。因此它们把一些非常成功的广告宣传重点放在年轻消费者身上。“骆驼老乔”（Joe Camel）是特别成功的形象，让年轻人认为抽烟很酷。

20 世纪 90 年代末，联邦政府和州政府控告多家烟草公司，索讨癌症和其他抽烟相关疾病造成的医疗费用。烟草公司一直从抽烟成瘾引发的癌症中获利，纳税人却要为此买单。尽管烟草公司努力避免支付这些钱，但法院仍于 1998 年裁定这些公司必须支付费用，另外还必须停止向年轻人营销他们的产品。[5]

真相变得甚至更不明朗及神秘。今天，几乎每个人都听说压力造成诸多健康问题，包括心脏病在内。压力与心脏疾病关联背后的科学研究非常杰出，但研究压力生理学最早期的主要研究者——汉斯·塞利（Hans Selye）——大部分的资金来自烟草公司。理由其实很简单。很多因素会造成心脏病，压力是其中之一，抽烟是另一个。其他因素包括营养不良和遗传因素，这些因素都会互相影响。烟草公司希望主张的**是压力而非抽烟造成心脏病**，但塞利从未亲口这样说（就我所知道的）。塞利没有说的事，烟草公司却急着说出来。它们的广告公开宣告你应该抽烟来减轻压力。[6]

塞利当然是知名的科学家，也是好几千篇论文和 39 本书的作者。塞利是骗子吗？看起来不是。但烟草公司付钱资助他的研究，并利用他的成果欺骗美国大众。它们的手沾了鲜血，而塞利显然心甘情愿当它们的工具。

你看，有些科学家只要付钱，要他们说什么就说什么。会愿意这样做的科学家比律师和政治人物少很多，但还是有一些。企业利益，如烟草、煤炭和石油产业吸引到少数科学家，并一再利用他们。

了解科学的政治家

如果你还没想出来，我可以告诉你我个人崇拜的英雄之一是杰斐逊。每个人都知道他是天才。约翰·肯尼迪（John F. Kennedy）于1962年在白宫主持诺贝尔颁奖典礼时，他说白宫饭厅的脑力从来没这么集中过，除了“杰斐逊独自用餐的时候”。[7]杰斐逊对科学的兴趣超越当时其他的所有领导人物，但这并不会太不寻常。启蒙运动的领袖相信他们必须知道所有事情，而不只是政治而已。别忘记本杰明·富兰克林（Benjamin Franklin）也算是个科学家。

18世纪90年代初，杰斐逊担任国务卿，他会评估专利申请。因为1790年只发布了三项专利，所以像杰斐逊这样的政治家学者可以全心关注。雅各布·伊萨克斯（Jacob Isaacs）申请将淡水从盐水（长途航海可能很重要的过程）中蒸馏出来的蒸馏器和炉具专利时，杰斐逊要求发明者在国务卿办公室组装装置，并亲自对他以及这个年轻国家领导的技术专家示范。伊萨克斯获得五次机会示范他的发明真的有用，但杰斐逊等人并不满意，所以专利遭到否决。现在显然没有政治家有时间这样做，但我希望可以专心讨论这种态度。杰斐逊谈到专利时说：“实际试验必须进行，别人才会停止质疑发明者对该物品的观点错误或有缺陷，因而遭到蒙蔽。”他坚持政府的工作应该是以当前所能提供最好的科学为基础，包括避免偏见的研究。[8]

杰斐逊身为总统，安排了路易斯与克拉克远征（Lewis and

Clark Expedition），探索新取得的路易斯安那领土（一路延伸到现在的俄勒冈州）。他对远征的科学发现极有兴趣，我听说他曾亲自检查梅里韦瑟·路易斯（Meriwether Lewis）送回去压好的植物标本。杰斐逊退休时，持续他很早以前就开始的农业实验。他试验了各种新作物，决定它们对弗吉尼亚的经济是否有贡献。他发明了一个书写装置和一张旋转椅，这是科技，让他获得应有的名声，但他对农业以及路易斯与克拉克远征成果的兴趣就是科学，即使在现代来看也是如此。“科学”这个词在杰斐逊的年代意义较广，但杰斐逊说科学是他的热情所在，而政治是他的责任时，没有人会误会他的意思。

杰斐逊相信我们需要科学以用批判性态度验证事物，无论是发明或概念，如果不这样，我们的偏见可能会让我们走偏，但今天政坛要找到像这样的人极其困难。

即使不是采全然否定说，很多特殊利益集团喜欢“编造”数据的解释方式，以符合自身需求。[9]科学家不能忽视政治人物或企业会滥用科学。

自己动手做

你对基因改造生物的看法如何？尝试详细说明你的各种偏见，或者以其他任何政治议题练习。

第二十章 谁是你最爱的科学家，为什么？

我对这问题的答案可能让你很惊讶。你可能预期我会说达尔文或爱因斯坦，他们的确值得几十亿人景仰。但我的选择是乔治·华盛顿·卡佛。

卡佛之所以是伟大的科学家有两个原因。第一，他的研究重点在于将贫穷乡村人民的农产品转变为具附加价值的产品，增加他们的收入。他以两种方式进行：一是改进生产技术，增加了农民自给自足的机会；二是创造产品的新市场。第二，他持续面对偏见。他很杰出，足以在重点大学工作，但他却不能，因为他是黑人。然而，他在现在亚拉巴马州的塔斯克基大学（Tuskegee University）前身的塔斯克基学院（Tuskegee Institute）找到他的使命，帮助南方乡村的贫穷黑人农民。

卡佛约于 1864 年生于密苏里州，一出生就是奴隶。他和母亲、妹妹一起被南方邦联的军人挟持，卖到阿肯色州。[1] 其他人都死了，只有卡佛勉强活了下来。他被归还给他的主人。卡佛于南北战争后罹患呼吸道疾病，所以他不需要和其他佃农和解放的奴隶一起做繁重的农务，反而有时间漫步在田野中观察。他对植物的知识变得丰富，所以邻居称呼他为“植物博士”。他对植物的爱启发他成为画家。他前主人的家人帮忙教育他，之后他到堪萨斯州继续小学教育。他对一个叫玛丽亚·沃特金斯（Mariah Watkins）的黑人女性印象深刻，她告诉他应该尽力学习，然后回到南方帮助他的族人。他目睹了一个黑人被一个白人帮派杀害，于是他逃到堪萨斯州的明尼阿波里斯（Minneapolis），完成中学学业。

1891年，卡佛成为爱荷华州立大学第一位黑人学生，主修植物学，在1894年毕业。他的几位导师对他印象深刻，于是他在1896年留下来攻读硕士学位。他在农业试验站的工作让他在作物霉菌病的研究上获得全国认可。1896年，塔斯克基学院的院长，也就是教育家布克·华盛顿（Booker T. Washington）说服卡佛成为塔斯克基的教师。卡佛在那里服务了47年，直到1943年去世为止。

亚拉巴马的土壤当时已因棉耕而耗竭。卡佛开发出轮作的系统，棉花会和甘薯等其他作物轮流耕种，这样土壤就能修复。卡佛也开发出很多作物在食品和工业上的新用途。他开发出超过300种花生的用途，包括当作黏胶、染料、墨水、清漆，还可以成为新的食品，包括酱料在内，但和一般认知相反的是，花生酱并没有包含在内。他也对其他南方作物进行类似研究，包括甘薯和美国山胡桃。他也改良了黏着剂、漂白、白脱鲜乳、油毡、蛋黄酱、纸、塑料、辣椒酱、即溶咖啡、刮胡膏、鞋油、车轴滑脂和合成橡胶。他获得三项专利（一项是化妆品，两项是涂料）。但卡佛的实验记录本并没有好好记录，他程序的正确公式大多不为人知。卡佛为了教农民如何更有效地使用他们的土地并创造新的市场，建立了一套农业推广咨询和实验室研究系统，这是仿效爱荷华的系统。

虽然1915年时老罗斯福总统（Theodore Roosevelt）表扬了卡佛（在布克·华盛顿的葬礼上），但他在美国并不知名。他在英国名气比较大，入选英国皇家艺术学会（Royal Society of Arts），是当时极少数获此殊荣的美国人。他在美国国会一个委员会面前以令人惊叹的智慧作证，谈论他为花生已开发出的诸多用途，就此声名大噪。三位美国总统与他会面。瑞典的皇储在他指导下学习了三个礼拜农业，而印度领袖圣雄甘地也向他学习。工业家亨利·福特（Henry Ford）资助了卡佛的实验室，并与他合作开发以大豆为基础的橡胶和合成汽车燃料。

卡佛于1943年1月5日过世后，小罗斯福总统（Franklin D. Roosevelt）将密苏里的一个国家纪念馆献给他。这是少数几个纪念美国黑人的国家级场所，或许也是献给植物学家唯一的一个。[2]

卡佛也是将科学与艺术结合的杰出典范。我已经提过他的花卉图了。当他还是年轻大学生时，曾写过一首关于葫芦的诗，描述葫芦有多美丽。就现代人的品位来看，这首诗太过夸张，但不可否认，他真的热爱植物。科学家和科学教师必须这么热爱自然世界。

我对科学家的公共责任的信念，有部分来自我最早参加的其中一个科学研讨会。那是史蒂夫·格利斯曼（Steve Gliessman）的研讨会，他研究了拉丁美洲的浮园浮岛农业生产系统。[3]他是一位植物生态学家，师承加州大学圣塔芭芭拉分校著名的科尼利斯·“尼尔”·穆勒（Cornelius “Neil” Muller）。他的导师研究干燥橡木丛林地，但格利斯曼研究提升食品生产效率的方式，他不是为了大型农业企业的利益，而是为了穷苦人民能可持续发展。在我心中，所有我从那时起研究的科学家工作都必须达到卡佛和格利斯曼呈现的标准。丹·简森（Dan Janzen）是我最喜爱的当代科学家之一，他是一个疯狂但令人愉快的天才生态学家，不只是因为他对生态科学惊人的创意见解，也因为他不断努力协助在哥斯达黎加的季风雨林建立一个非常大型的国家公园网络。这些公园会是他留给世人最恒久的贡献。

自己动手做

科学家的传记已出版了数百本。研究你过去或现在最喜爱的科学家，并解释你为什么喜欢这位科学家。

第二十一章　业余者和专家

今日大多数科学家都专注于一些狭隘的专门领域。他们必须如此，科学知识浩瀚无穷，没有人能通晓科学的每个领域，也很少人精通一个以上的领域。无论在任何科学研究的领域做研究，都有必要使用非常专门且业余者无法掌握的技术。少数科学家为大众写书时，会允许自己的心灵跨越许多不同的思想领域，甚至延伸至科学之外。斯蒂芬·杰·古尔德（Stephen Jay Gould）、勒内·杜博斯（Rene Dubos）和刘易斯·托马斯（Lewis Thomas）就是其中的例子。但他们的研究都聚焦在本身狭隘的领域中。

但并不是一直都这样。20世纪前，很少有职业科学家，反而有很多博物学家（naturalists），研究自然的所有方面，而不只是一小部分而已。今天还是有博物学家，如大卫·乔治·哈斯凯尔（David George Haskell），[1]但他们往往是科学教师，而非科学研究的领导者。但200年前，大多数科学家都钻研我们今天所谓的**自然史**（natural history），从许多不同方面研究自然。他们是业余者，不过这是褒义。

我们先回到进化还是未知的过去。吉尔伯特·怀特（Gilbert White）1793年去世之前，是欢乐古老的英国塞尔伯恩（Selbourne）非正式的教区牧师，是一名神职人员。虽然怀特是乡村牧师，但他的热情在自然史。[2]

和今日大多数牧师及有钱人不一样，18—19 世纪的英国乡村绅士，包括牧师在内，都喜爱收集东西并研究自然。部分原因是没有其他人做这件事。科学家很少见，所以如果有人要研究树木和鸟类，那就是他们了。科学期刊很少［如目前仍在出版的《英国皇家学会报告》（*Proceedings of the Royal Society of London*）］，所以大多数自然史的“研究”是自然史学家彼此间的书信往来集结而成。牧师也对自然史有兴趣，因为他们是唯一有时间从事这项工作的人。担任乡村牧师可以过相当舒适的生活，完成几项教会职务后，你就可以把剩余时间拿来收集石头和树叶。

怀特最知名的就是写了一本通常称为《塞尔伯恩自然史》（*The Natural History of Selbourne*，最早出版于 1789 年）的书。他在书中以写给友人的书信形式，记录了许多关于自然的观察，大部分和动物相关。这本书只是集合了凌乱的信息，但后来大受欢迎，从那时起仍持续出版中。我有一本 1869 年的版本。

年轻的达尔文有怀特的书。达尔文不只在高中，到了大学还非常喜欢到森林里收集东西，热情比上古典研究浓厚许多。他特别热爱收集甲虫。达尔文的医学训练没有成功（他不能忍受看到血，特别是没有麻醉就截肢的断臂流出的血），于是他决定成为乡村牧师。[3] 如果这感觉起来很奇怪，别忘记这是在达尔文有任何关于进化的想法之前。事实上，他当时还是一般的基督徒。他相信上帝创造一切，而他想研究所有生物。达尔文读了怀特的书然后想：**这就是我想过的生活**。结果，达尔文继承了一大笔钱，不必当牧师，可以把时间用来研究自然史，特别是进化。

怀特的书不只是汇集观察结果。他也验证了假设，并从中得出结论。他对一些古老的传说感到怀疑，以下是一个例子。燕子冬天会去哪里呢？传说［意大利科学家斯帕兰札尼（Spallanzani）

让传说更为普及］燕子会在湖的底部冬眠。怀特不相信。他怀疑燕子应该会往南迁徙，或许是到非洲。我知道对今天的我们来说，鸟类会迁徙似乎天经地义，但当时大家并不知道，除了那些很多鸟类一大群一起飞的明显例子外，如鹅和现在已经绝种的旅鸽。那燕子这类没有那么明显的物种我们怎么得知呢？必须有人在冬天亲眼看到在北非的燕子，并把这项事实传达给英国的自然史学家。或者自然史学家必须亲自到北非，像怀特受到教会职责所限，就无法亲自前往。怀特和他的几个友人至少有一人在北非，尽可能收集资料。他们的记录显示，燕子在北非的时候，刚好在英国看不见它们的踪影。他们得出结论，认为鸟会迁徙。当然，他们并不确定。谁能说它们是同一群燕子呢？当时并没有鸟类环志这种方法。

怀特从他对燕子的研究得出进一步结论。他认为大多数燕子会迁徙，但个别的燕子不会，也就是说，同一族群中并不是所有燕子行为都一样。回想一下，就是这种族群差异让自然选择成为可能。

有时候怀特记录了对他没有意义且不相关的观察结果，但他一定想过某天这可能会找到解释。例如，他写到母牛养大的幼鹿，还有马和母鸡之间形成的友谊联系。他也提到几只小猫遭到杀害时，身为母亲的母猫就喂奶给一只兔子。他将猫喂奶给松鼠幼鼠的故事，还有母鸡照顾雏鸭的故事传出去。这些现象现在还是有点难以解释，但这一定和我之前提到的利他行为有关。当然，怀特也犯了将人类思想甚至道德加诸动物的错误：他将蚯蚓描述成“沉溺于性欲”，因为它们花很多时间交配。怀特也提到有些树木在夏末时，因昆虫而造成落叶，然后长出新的叶子，这种树木的叶子在秋天时会留得久一点。今天我们知道这是因为新叶会比老叶制造更多生长激素（一种荷尔蒙）。

怀特的科学调查并不是一直有用。他尝试从他的观察得出结论。他提到多云的夜晚比晴朗的夜晚温暖（在一年中相近的时间）。今天我们知道会这样是因为在晴朗的夜晚，地表还有地表上所有东西会将热辐射到外太空，但天空并不会将热量送回来，而多云夜晚的云会将本身的热辐射回地球。怀特得出的结论反而是寒气会从上面的云降下来，但有云的时候云会挡住寒气。怀特虽然有道理，但他错了。

他也想到实际应用我们现在所称的科学。研究有系统的植物学（也就是分类植物）是一回事，利用植物学的知识在受侵蚀的山坡种草等又是另一回事。他写道："为了在光秃秃的田野种出一层厚厚的草坪，值得吸取丰富而有系统的知识。"

怀特也思索为什么在他的年代比几百年前麻风病的病例要少。他将麻风病减少归因于农业、食品进步（如蔬菜变多），衣服较干净（穿耐洗的亚麻布而不是破旧的羊毛）。他对细菌没有概念，但他的推测并非全然错误，对于一个巴斯德的年代之前的自然史学家来说，已经不错了。

怀特就像当时所有人一样，认为他观察到的所有事物都是天意的完美设计。上帝的智慧和仁慈表现在各种自然事实的这种概念，最知名的倡导者是另一位教士威廉·佩利（William Paley）。佩利在他 1802 年的著作《自然神学》（*Natural Theology*）中，便公开宣扬此概念。而这也是年轻时的达尔文另一本特别喜爱的著作。达尔文年纪渐长后，才推翻自然神学的概念。怀特并没有对自然神学如何验证天意的慈悲宽厚而大惊小怪。虽然怀特的著作提到生长在鸟巢的寄生虫是上帝让幼鸟离巢的美好安排（这不是我捏造出来的），但是插入这些评论的是编辑，而不是怀特（评论出现在我拥有的 1869 年版本）。怀特甚至在一个例子中，暴露出一点对自然神学的疑虑。怀特提到乌龟的寿命比人类长。对怀特来说，上帝赋予乌龟那么长的寿命，让它们把时间浪费在“毫无乐趣的非活动状态”没什么道理。

怀特以其见解和幽默传达他的想法。他在书的前言中包含了一封他的宠物乌龟提摩西（Timothy，结果它其实是母龟）写的信：“你哀伤的爬行动物提摩西笔。”[4] 怀特观察提摩西的行为不只是为了在日志上记笔记，也是为了尝试想出为什么提摩西会有这种行为，或许也能了解提摩西如何感受这个世界。

另一位名气响亮许多的业余科学家是亨利·大卫·梭罗（Henry David Thoreau）。他仔细观察瓦尔登湖（Walden Pond）四周的动植物，记下野花开的日期，计算年轮想找出是不是所有森林中的树都同时生长，或者是不是一次繁殖一点。他和怀特一样观察敏锐，但他也会以现代科学家的精神计算和测量事物。

过去几世纪自然史学家汇整的观察列表结果可能对现代科学研究有帮助。怀特的著作最后附一张表，总结了他多年来观察各种花开花，以及树芽开绽、鸟儿回来最早的日期。这是生物事件季节模式的记录。

今日季节模式的科学研究称为**“物候学”**（phenology）。这个词来自一个希腊文的字，意思是“研究外观”。科学家基于几个理由研究物候学，其中一个是为了了解季节模式如何作为有机体对环境的适应方法。为了成为成功的橡树，树木不只需要能在本来的环境中生长，还要在适当的时间发芽。假如芽发得太早，迟来的冬霜就可能造成嫩叶和花序死亡。但要是发得太晚，就会失去宝贵的成长时间，其他成长没有那么缓慢的树种就会长得比它们快。但另一个科学家研究物候学的理由越来越重要，因为季节模式在过去几十年来，成了全球变暖的记录。有些物候学家，如理查德·普利麦克（Richard Primack）和亚伯·米勒卢辛（Abe Miller-Rushing）都表示美国部分地区树木发芽的时间比 19 世纪

60年代要早一个月。[5]他们达到这项结论部分是以梭罗保存的完整记录作为基础的。从同一段时期的天气记录说明气温升高是一回事，阐述这种气候变暖对动植物有任何影响又是另一回事。[6]由于物候学是新兴科学，目前没有物候学家汇整的长期数据，他们反而必须依靠业余自然史学家的旧记录。这可能包括怀特著作中的数据表，但就我所知还没有人用科学方式分析这张表。

今日，科学迫切需要业余者参与，我们现在称他们为公民科学家。能在任何地方测量任何东西以适当验证假设的专业科学家人数目前仍不足，他们必须依赖公民科学家记录鸟类迁徙、发芽时间和其他很多事物。除了让公民科学家可以在线传送资料的计算机软件外，这不用花一毛钱。没有任何科学资助机构能负担得起聘用一个员工，足以承担公民科学家——你！——那种重大责任，又不拿薪水。[7]对，这代表你可以加入科学研究，少了你出力，这可能永远无法完成。

自己动手做

找一个公民科学计划，参与其中享受乐趣！网络上有很多可用链接，但也可以向你所在地的自然中心或植物园查询。科学世界会感谢你这么做。

第二十二章　科学是一场冒险

科学并不只是一门学科——就像我之前说的，科学是牛轭，让公牛拉着知识的车子往前进——也是一场冒险。

在一般人的想象中，科学家并不是冒险家，科学家的形象是害羞且拙于社交。但即使发生在实验室内，科学还是一场冒险。虽然我从没攀过岩或搭过滑翔翼［除了有次我从大本国家公园（Big Bend）的岩石上掉下来外］，但我还是个冒险家。

提到冒险，我们通常会想到探索未知国度的惊险旅程。那种冒险大概已经不见踪影了，大家什么地方都去过。太多人登抵珠穆朗玛峰，往上爬的路上甚至还有一条遍布垃圾的小径。[1]我们可以冒险的唯一方式，就是在老地方做一些新鲜事。人们可能会竭尽所能做这些事，如乘气球到好几公里高的地方然后跳下来，往下时冲破音障，就像菲利克斯·鲍加特纳（Felix Baumgartner）和艾伦·尤斯塔斯（Alan Eustace）一样。[2]听起来《吉尼斯世界纪录》（*Guinness World Records*）好像成了新的《圣经》。但科学是一场冒险，（通常）没有实际风险，但每个小细节都可以令人满足。事实上，有些科学家为了寻求新的事实，会做出几乎每个人都认为是在冒险的事。罗尼·汤普森（Lonnie Thompson）这位气候学家攀上安第斯山脉高处，研究秘鲁奎尔卡亚（Quelccaya）

的冰川，并打破人类处在这么高海拔的耐力纪录。[3]另外还有其他科学家生活在南极。其中一位的工作站在南极的冬天与世隔绝，她必须自行采集活组织检查。[4]其他科学家若正找寻新动植物物种或进行帮助我们了解全球气候变迁的测量，也会长途跋涉经过酷热的丛林，水蛭从头上的树枝掉在他们身上，就像雨水一样。大多数真正的科学冒险没有那么刺激，就像真正的考古学家的冒险并不像印第安纳·琼斯（Indiana Jones）一样惊险万分。大多数例子中，科学家的实际风险有限，但冒险感仍然存在。

藏在毫不起眼的地方

科学是人们会在老地方做新鲜事的其中一种冒险——也就是说，我们会发现这些我们常去之处的新东西，也会对我们以为我们已经知道的事情有新的认识，这些事情藏在毫不起眼的地方。这让我想到艾略特（T. S. Eliot）写的：我们不应停止探索，在所有探索的尽头，我们会回到起点，重新认识这个地方。

只是我怀疑我们永远不会真正抵达我们探索的尽头，永远会有新的东西等待科学家发现。约翰·霍根（John Horgan）在《科学的终结》（*The End of Science*）提到，科学差不多已经把宇宙摸清楚了。[5]他说这种话遭到很多批评，但请容我为他说几句话。过去几百年，科学家已经发现宇宙的大小和年龄，也相当了解宇宙目前如何运作，但大爆炸最开始的瞬间仍然是一团谜。在过去几个世纪，我们逐渐了解地球上的化学和生物。我们或许尚未在其他行星发现生命，但我们会发现——也必须发现——生命会遵循我们已经知道的化学定律。霍根说的没错，可能再也不会出现像埃德温·哈勃（Edwin Hubble）和红移这种突破，告诉我们宇宙逐渐扩大，或许也不会再有爱因斯坦和他的两种相对论，或达尔文和自然选择。还有很多细节要填满，但我们差不多已经解释完现实的轮廓。我能说的就是还有足够多的细节可以填满，我们的冒险会永无止境。

我们看着动植物，它们是我们一直看到的同样一些旧的动植物，但通过科学我们了解它们的 DNA，可以加以改变，而且发现了记录在那种 DNA 中的进化史。我们有同样一直拥有的旧大脑，但通过科学我们开始了解大脑如何创造出我们艺术、爱与真实的经验。科学方法是让实体世界揭露本身秘密的途径。

没有准则，没有教条

科学家不会闲坐着看书，只是一直重复前辈科学家说过的话。科学真理没有永恒不变的语料库、准则或法则。娜塔莉·安吉尔（Natalie Angier）的著作《科学的 9 堂入门课》（*The Canon*）虽然内容令人愉快，但英文书名（意为“准则”）却最令人遗憾，最误导读者。[6] 历史上最知名的两位科学家用了“法则”（dogma）这个词，造成一些混乱。詹姆斯·沃森（James Watson）和弗朗西斯·克里克（Francis Crick）不只找出 DNA 的结构，也找出 DNA 如何储存和传递基因信息。[7] 克里克了解到地球上显然所有细胞都以同样的方式使用 DNA：DNA 控制 RNA，而 RNA 控制了蛋白质。他把这称为“中心法则”（Central Dogma）。虽然他并不是指这是毋庸置疑的事实，但有些人误会他。克里克写道：“用法则这个词几乎造成词本身价值的麻烦。”各宗教可能有圣经所说的“一次交付圣徒的真道”，但科学并没有。我们总是在探索新的事实。

科学冒险

我自己追求科学的户外冒险不够刺激，没办法拍成电影，但还算是冒险。除此之外，我在研究赤杨木，这些赤杨木其中部分生长在沼泽。几年前，我费力穿越一个沼泽，收集赤杨木树枝的插条，带回实验室。在沼泽时，会把人卷进去的污泥高到我的臀部。因为水的含氧量很少，落叶、蚊子的尸体和玳瑁无法完全分解。这些东西制造出深褐色的胶，像黑漆漆的茶沾在我的衣服上，细菌释放出硫化氢的腐败味道。我太笨了，不知道污泥有多深，我试着抬起右脚，左脚就滑进去越深。除了毒常春藤、绿蔷薇和玫瑰多刺的枝还有枯枝之外，没有其他东西可以抓住。我很接近一条主要国道的桥，我站的地方离那只有几米远，几百辆汽车和卡车轰隆轰隆经过。往下看我的驾驶员如果知道我正在研究长在沼泽的小树，可能会认为我疯了。如果他们知道我已经开了好几千公里的车来看这些小树，他们就可以确认他们的疑虑了。但假如一身狼狈穿过沼泽是发现科学问题答案的唯一方式，那你就必须这样做。你不能只是站在路边看着赤杨木，猜测它们会如何生长或是有什么样的 DNA。

其他科学家留在室内的目的是找出新的事实。他们在实验室工作，有时会使用户外的科学家收集到然后拿给他们的材料。科学家有时会想象自己缩小到原子大小，环顾四周。这当然是冒险！

还有科学家留在室内，但探索了没有人能在正常状况下到达的地方。有些人设计宇宙飞船到火星探索地表（甚至还有地表之下一点点），并将信息传回地球。这些科学家真的以替代方式参与他们的工作，几乎就像亲身在火星四周航行一样。

我深深景仰两位创意大胆的科学家萨根和马古利斯。他们从最遥远的地方搜寻到最细微的地方：萨根研究天文学，而马古利斯研究细胞。但两人都不满足于自我设限，他们都思考自身工作如何符合更广大的公众需求。这最后促使萨根探究大脑如何运作，[8] 而马古利斯则将地球想成有机体的共生结构。[9] 马古利斯现在提出一个大家普遍接受的概念，认为复杂的细胞一开始是较小的细胞结合而成。马古利斯把地球想成单一系统，萨根则知道这也适用于其他某天可能发现的活行星。萨根和马古利斯有短暂婚姻关系。现在两人都已作古，但身后留下改变后的科学世界。

探索任何事物之前，必须先明白外面的世界有东西等待我们探索。多少中世纪的学者把世界想成玻璃圆顶天空下的欧洲？更不用说农民了。或许还被充满怪物的海洋包围？最无知的人往往是对自己相信事物最有把握的人。达尔文在《人类的由来》（*Descent of Man*）中提到："无知生出的常是自信，而非知识：学识浅薄的人会言之凿凿，认为科学绝对无法解决各种问题，学识渊博的人则不会。"[10]

还有更多好消息。科学不只是冒险，还是有创意的冒险。

并不是所有的冒险都有创意。有些人的冒险行为之前其他人已经做了很多遍，而其他人，通常是营销人员会告诉他们这很有冒险精神，如骑机车飙速。这种事已经做过无数遍了，其中半数出现在我家前面那条街。需要像埃维尔·克尼维尔（Evel Knievel）那样的人才真叫有创意：他骑车飞越峡谷。

科学思想是很欢乐的专业领域。就像运动对身体来说是很欢乐的专业领域，就像我们可以学习吃健康食品而非不健康的食品，科学式的思考方式也很好玩。科学家热爱科学，很多人会觉得匪夷所思，直到他们亲身体验，发现不必当科学家也能爱上科学世界观的丰富。一旦我们开始以科学方式思考，我们就可以看这世界，然后了解在我们表面上看到的景象背后，发生了什么事。

我们可以感觉到掌握了自己的生命；我们可以愉悦地从旁观察无知的恶魔被赶走的世界；我们开始注意到之前错过但美丽、古怪而又复杂的事物。科学思想可以把我们从只考虑自己的状态中拉出来，不会只顾着本身持续的问题还有暂时的愉悦。科学思想是心甘情愿做的工作。

科学家，包括业余科学家在内，都是勇敢而有创意的冒险家，我们比其他人应该能获得的乐趣要多。克里克爵士还不是爵士前，找出 DNA 结构时感到兴奋；成为爵士后，尝试找出大脑的意识基础的过程感到兴奋，这种感觉一定和另一位法兰西斯爵士一样强烈——环球航行的弗朗西斯·德雷克（Francis Drake）。

后 记 一个美丽的世界

爱护宇宙

威尔逊说，某些主题，如探索未发现的国家以及善恶间的对抗，持续出现在科学和文学中；[1]另一个主题是爱。我们可以说所有虚构的故事都是一个故事：这故事是关于代价高昂的爱，以几万种方式诉说然后再重新诉说。主角会寻找爱，而对手会摧毁它。科学的故事中“爱”扮演了一个重要角色。科学**诉诸**理性，它诉诸**理性**。人类心灵**热爱**通过理性寻求了解世界，科学的解释提供了发自内心的满足感。[2]

科学和爱有关的另一个方式是科学解释了**人类**关系中重要的各种过程。如果我们污染了其他人的空气和水，或者使用科技压迫他们，我们要怎么说我们爱他们呢？自然和社会环境是**我们与其他人产生关系的媒介**。科学帮助我们了解这些环境以及它们如何运作。科学解释了持久性污染物，如来自燃煤发电厂的水银集中到食物链造成某些食物有毒，如鱼类。到了那时候，这就成为我们身为爱人的责任，在这种认知下行动，并停止污染属于我们邻居、兄弟、姊妹的星球。科学也帮助我们分析、了解人类关系发生的社会环境。这可能看起来像冰冷的数学运算，计算测量不平等情况的基尼系数。但一旦我们看到这些基尼系数，一旦我们面对许多国家所得不平等的情况太严重，而且每况愈下，身为爱人，这就变成我们的责任，依这样的认知行动，帮助我们弱势的邻居。

科学和爱以这些方式密不可分，这并不是大多数人对科学家的印象。用讽刺手法塑造科学家形象时，有时会把科学家描绘成对爱与日常生活不自在的男性（有时候是女性），就像热门美剧《生活大爆炸》（*The Big Bang Theory*）里一样。多年前，我在初中话剧演了这样一个科学家的角色。但每个我认识的科学家都像普通人一样爱着许多人，而且会想利用科学作为帮助他人的方法。

科学由很多故事组成，而且和爱不可分割，所以每个人应该都能了解。

可以说每个人都了解故事、爱以及爱的故事，但很多人，甚至可以说大多数人并不这样看待科学。你常会听到"科学殿堂"这种说法，代表只有奉献生命了解科学晦涩细节的开创者才能理解科学。我想我可以将我毕生工作，以及其他许多科学家和我认识的科学教育者的工作，描述为打开科学殿堂的几扇窗，邀请大家进入，或至少短暂拜访一下，让大众的好奇心赶走科学的神秘。没有投身科学的人对这些殿堂会感到不自在，这可以理解。造谣生事者公开宣称我们这些科学家编造出全球变暖和进化，藏有秘密的阴谋，而这些人就是靠这种不自在生存下去。他们知道一般人对"相信我们，我们是科学家"的概念不自在。像我这样的科学家和教育者通过书、博客、实地考察和 YouTube 频道，[3] 打开了这些窗然后说："请自己看看证据。"像我这样的科学家、作家和教育者会说，如果你能跟着故事情节走，你就能了解科学。

而我相信，这是科学最重要的特点：它带给我们很多故事，我们可以从中了解自己和宇宙。人类渴望知道各种故事，所以甚至在这些故事被证明是虚构的时候，还是继续相信。当然，许多流传下来的神话就是这样。科学家最好也能成为优秀的说故事者，这样真实的科学故事至少就有一些可以站稳脚步，对抗虚假的故事。在某些状况中，虚假的故事会危及地球的生存。目前科学家必须说出全球变暖的真实故事，因为说全球变暖不严重的虚假故事已经在容易听信他人的人类心灵间广为传播。为了我们的生存，我们人类需要的不只是事实，也不只是故事，而是真实的故事。

自然定律和谜团

有些人害怕将万事万物简化为“只是自然定律的产物”会破坏事物的美好与奇妙，这并不是事实。自然定律帮助我们了解这个世界，这样我们就可以看到它的美好与奇妙。

有些自然定律纯粹是在任何可能出现的宇宙中必定如此的事物。我不认为这些定律只是大脑的产物，但它们塞满我的大脑。其中一条这样的定律是 1 加 1 等于 2。要质疑这种东西很荒谬，至少很可笑。吉尔伯特（Gilbert）与苏利文（Sullivan）于 1885 年首演的音乐剧《帝王》(*The Mikado*）中，南基浦（Nankipoo）度过幸福的婚姻生活一个月后就要被砍头。他说:“什么是一个月？呸！时间的区别完全是随意的。谁说 24 小时就是一天？我们会把秒说成分，分说成小时，小时说成天，天说成年。无论如何，我们眼前会有 30 年快乐的婚姻生活。”其中一名少女回答:“无论如何，这次见面已经持续 4 小时 45 分了！”

然后还有第二种自然定律——在我们整个宇宙运作的定律，但有可能还有其他宇宙，其中的定律会有点不同：为什么重力强度应该是现在这样？电子的电荷呢？诸如此类的事物。它们是“常数”。大爆炸后几飞秒内发生的事物据推测决定了这些常数。因为这些事物，原子和星星成了现在的样子。碳原子就是碳原子，在这里或 130 亿光年之外的地方都是这样。不同碳原子的同位素可能不同，但遥远的银河系中会出现同样一些同位素。但其他宇宙如果存在，可能没有碳原子，或根本没有原子。

然后还有一些定律是历史偶然性的结果。偶然性和意外并不完全一样。**偶然性**（contingency）代表一旦事情发生，未来的各种可能性就会受到限制。有趣的是，有一个例子和我上面引用的音乐剧《帝王》里的笑话相似。为什么一天有 24 小时，一年约有 365 天呢？我们的行星刚好以某种速率旋转，以某种速率绕太阳转。顺便一提，旋转的速率正逐渐慢下来。但在恐龙的年代，一年超过 400 天。在任何时代，一天和一年的长度都是偶然性的定律。

但即使在充满偶然性的世界中，还是有普世的模式。这些模式会存在，是因为我们宇宙中不变的定律**加诸**历史和进化的偶然性之上。

比如宣传这件事。一种有机体的后代具有遗传变异，繁殖适应度就会增加，而要出现变异，有机体必须与另一种有机体同物种杂交，但另一种有机体和它的基因并不相似。也就是说，同物种杂交是近亲繁殖和种间杂交（interspecific hybridization）之间最有利的折中点。（没错，我在讲性。现在你知道科学家是如何让性变无聊了的。）

科学家并不是完全确定为什么有性生殖提升了这种适应度，但看起来几乎所有类型的有机体都是有性的，甚至连细菌也有。（但你不会想知道的。）那有机体如何找到伴侣呢？靠宣传。人类通过行为和穿着可以做到；鸟类也可以：它们有鲜艳的羽毛，还会唱出复杂优美的歌曲；花朵也做得到，漂亮的花朵全部重点就在颜色和香味会吸引授粉者。由于植物无法交配，剩下唯一的选择就是让别的东西把花粉从一朵花的雄蕊送到另一朵花的雌蕊。

如果这种东西是动物，如鸟类或蜜蜂，花就必须具有吸引力，但吸引的对象不是花，而是授粉者。你会说“值得宣传”是我们宇宙的一种自然定律，或许在所有可能存在的宇宙也是如此。历史的偶然性确保了这种定律出现许许多多不同的形式。

理论上，所有发生的事可能都可以预测（如果我们知道某个系统里能量和物质的一切，理论上就可以预测这个系统会怎么样），但我们完全没有机会做到这一点。世界对我们来说，在某种程度上必然会显得神秘。小说《简·爱》（*Jane Eyre*）中，如果我们知道罗切斯特脑中几兆个联结发生什么事，我们就可以预测他对主角会如何回应。但如果不能完全了解罗切斯特的神经元突触，我们就无法预测他的行动。

科学家将现实比喻为山丘和山谷的地形。你在这种地形扔一个球，然后尝试预测球会往哪里去。球可能跑到最低点，也可能不会。最后它可能只是在最低点附近，碰到小小的地面隆起处、棍子或树叶，就可能挡住它的去处。现在的重点是所有的自然定律都是在球上作用，重力当然也是。但球在斜坡会比缓坡滚动得快也是事实。如果这是比较光滑的球，会比粗糙的球滚得快。知道那些自然定律或许能告诉你球会去的准确地点，但真实情况中结果可能会令人惊讶。作家可能在开始写作时真的不知道故事结果会如何。

所以你看，我们都受制于自然定律（所有的有机体和小说中所有的角色），但我们融入那些自然定律的方式却变化多端，令人惊叹。现实或虚构世界中故事情节数目有限，其中乐趣在于生物或虚构角色融入那些情节中的巧妙方式。科学研究并没有消除世界中的美好，就像和声和对位法的研究没有消除音乐中的美好，透视法的研究也没有消除艺术中的美好一样。

危险与美好

我之前提过，科学也可能令人感到不安，特别是威胁到宗教信仰时。但科学不一定会撼动宗教的认识论基础，企图造成对信徒的恐慌。科学可能只是揭露出大家不愿面对的威胁，我很早就了解这一点。小学时我替校刊写了几篇小文章，当时用的还是香喷喷的紫色油印。我一直在听广播报道，里面提到那年雨水丰沛，会造成大量的环跗库蚊（Culex tarsalis，这可能是我第一个学到的科学名称）。过去环跗库蚊会散播病毒性脑炎，播报员说，这会造成一些病患变“植物人”。所以我的文章和这有关。负责的老师几乎把我写的东西都删掉，反而写下“有蚊子会叮你，让你发痒，所以别忘了喷药！”韦伯老师的用意是不让小孩子担心野餐后可能会脑死亡，但我的确学习到科学家并不需要说出所有能说的话。如果我们要见到世界的美好，就必须接受发现其中危险的风险。

发现的科学过程本身就很美好。这个过程最棒的说法就是彻罗基国（Cherokee Nation）使用于最近假期活动之一的口号“从我观察到的所有事情中学习”。[4] 就算有些我们观察到的事情令人不安，那种说法还是既科学又美好。

科学另一个美好的部分是威尔逊说的**符合逻辑**（consilience）。[5] 威尔逊使用这个词汇的方式和几乎 200 年前的英国学者胡威立（William Whewell）一样。符合逻辑是多重观点汇合后你从中区别出的真理。符合逻辑的其中一个例子就是小行星 6500 万年前撞击地球的概念，许多独立的证据汇合成这个结论：研究者发现 6500 万年前海洋微有机体的大小和多样性突然减少，他们发现强力撞击的地质证据，如某些只有强力撞击才能制造出的矿物碎片。最重要的关键在于他们发现残存的陨石坑。

自然选择是可以从符合逻辑（即使胡威立本身强烈反对达尔文的学说）中区别出的真理之例。如果你观察基因多样的有机体族群发生的事，你就可以看到自然选择如何运作，语源上多样的字词和心理上多样的概念也是一样。进化也是你能以符合逻辑的方式达成的概念。你可以看化石、DNA 或今日正在发生的自然选择过程得出结论，指出生命在地球上已经进化了好几十亿年。三项独立的线索汇合，告诉我们进化的真理。符合逻辑很美好。

丹尼 · 凯耶（Danny Kaye）在名曲《尺蠖》（Inchworm）中，唱到尺蠖所有时间都花在爬行于金盏花上，从来没有停下来欣赏它们的美。我们科学家在进行测量期间，会停下来欣赏世界的美好，而且不只是偶尔为之，是一直如此。科学家让我们得以欣赏各种美好的新维度。爱因斯坦说：“我们可以经历的最美好的事物很神秘，这是所有真实艺术和科学的来源。对于这种情感陌生的人，不再感到疑惑、肃然起敬，和死了没什么两样。”[6] 科学家无论是业余或专业，我相信行走在山上时，相较于单纯只是为了滑雪的人，更容易注意到并了解山的美好。

科学对这世界的观点有其美好，我们了解的部分和我们不了解的浩瀚天地都是如此。刘易斯 · 托马斯写道：“我们正从科学中学习自己所知多渺小，我们所了解多微不足道，还要学习的东西还剩多少。”这是一种满足我们部分最深层欲望的美好。托马斯也写道：“人类只要不了解自己的无知就会没事，这是我们的正常状态。但一旦我们知道我们不知道某件事，就无法忍受。”[7]

一旦你对世界的观点因科学而改变，你就无法回头了。一旦你知道自然选择无所不在，一旦你知道叶子是使用太阳能的工厂，一旦你开始注意到岩石中的化石，一旦你开始认出森林中有很多树种，你就不能**不看**这些东西。科学不只对我们物种的生存至关重要，也是我们物种必须满足最深层需求的最佳方式之一：学习并诉说各种故事，谈论这世界的面貌，我们是什么样的人，我们又是如何融入这个世界。

注　释

前　言　我们需要科学，而且马上就要

1. Hugo Mercier and Dan Sperber, *The Enigma of Reason* (Cambridge, MA: Harvard University Press, 2017).

2. Ashley Feinberg, "An 83,000-Processor Supercomputer Can Only Match 1% of Your Brain," Gizmodo, August 6, 2013, https://gizmodo.com/ an- 83-000-processor-supercomputer-only-matched-one-perc-1045026757 (accessed October 4, 2017).

3. Herman Melville, *Moby Dick* (London: Richard Bentley, 1851), chap. 74.

4. Robert Trivers, *The Folly of Fools: The Logic of Deceit and Self-Deception in Human Life* (New York: Basic Books, 2011).

5. Dave Levitan, *Not a Scientist: How Politicians Mistake, Misrepresent, and Utterly Mangle Science* (New York: Norton, 2017).

6. Karl R. Popper, *The Logic of Scientific Discovery* (New York: Routledge, 1959).

7. National Research Council, *Every Child a Scientist: Achieving Scientific Literacy for All* (Washington, DC: National Academies Press, 1998).

8. Carl Sagan, *The Demon-Haunted World* (New York: Basic Books, 1996).

第一章　科学与如何辨识科学

1. David Wootton, *The Invention of Science: A New History of the Scientific Revolution* (New York: Harper Perennial, 2016).

2. Jeffrey Robins, ed., *The Pleasure of Finding Things Out : The Best Short Works of Richard P. Feynman* (New York: Basic Books, 2005); Richard Dawkins, *The Magic of Reality: How We Know What's Really True* (New York: Free Press, 2011).

3. Karl R. Popper, *The Logic of Scientific Discovery* (New York: Routledge, 1959).

4. Kailash C. Sahu, Jay Anderson, Stefano Casertano, et al., "Relativistic Deflection of Background Starlight Measures the Mass of a Nearby White Dwarf Star," *Science* 356 (2017): 1,046–50.

5. *Climate Change: Information on Potential Economic Effects Could Help Guide Federal Efforts to Reduce Fiscal Exposure* (Washington, DC: US Government Accountability Office, September, 2017), https://www.gao. gov/assets/ 690/687466.pdf (accessed November 14, 2017).

6. Moody's Investor's Service. "Moody's: Climate Change Is Forecast to Heighten US Exposure to Economic Loss Placing Short- and Long- Term Credit Pressure on US States and Local Governments,"

press release, November 28, 2017, https://www.moodys.com/research/Moodys-Climate-change-is-forecast-to-heighten-US-exposure-to--PR_376056 (accessed December 4, 2017).

7. D. J. Wuebbles, D. W. Fahey, K. A. Hibbard, et al., eds., *Climate Science Special Report: Fourth National Climate Assessment (NCA4)*, vol. 1 (Washington, DC: US Global Change Research Program, 2017), https:// science2017 .globalchange.gov/ (accessed November 6, 2017).

8. Mark J. Plotkin, *Tales of a Shaman's Apprentice: An Ethnobotanist Searches for New Medicines in the Amazon Rain Forest* (New York: Viking, 1993).

9. Francis Bacon, *The New Organon* (1620; Cambridge, UK: Cambridge University Press, 2000).

10. Stanley A. Rice, "Roots as Foragers," PlantEd Digital Library, 2012, https://lifediscoveryed.org/r499/roots_as_foragers (accessed October 4, 2017).

11. Stanley A. Rice and Sonya L. Ross, "Smoke-Induced Germination in *Phacelia strictiflora,*" *Oklahoma Native Plant Record* 13 (2013): 48–54.

12. France 2France T.l.visions, "Pesticides: Des Scientifiques . la Solde de Monsanto?" Francetvinfo.fr, April 10, 2017, http://www.francetvinfo.fr/ economie/emploi/metiers/agriculture/pesticides-des-scientifiques-a-lasolde-de-monsanto_2403116.html (accessed October 5, 2017).

13. Stuart Firestein, *Failure: Why Science Is So Successful* (Oxford, UK: Oxford University Press, 2016).

第二章　科学和小说：有组织的常识和有组织的创意

1. C. P. Snow, *The Two Cultures* (Cambridge, UK: Cambridge University Press, 2012).

2. George Gaylord Simpson, *The Dechronization of Sam Magruder* (New York: St. Martin' s, 1996); Edward O. Wilson, *Anthill* (New York: Norton, 2011).

3. John Updike, "Visions of Mars," *National Geographic*, January 2008.

4. Alan Lightman, *Ghost* (New York: Vintage, 2008); Alan Lightman, *Mr. g: A Novel about the Creation* (New York: Vintage, 2012).

5. Stephen King, *Misery* (New York: Viking, 1987).

6. David Freeman, "Will Mars Colonists Evolve into This New Kind of Human?" NBC News, February 28, 2017, https://www.nbcnews.com/ storyline/the-big-questions/mars-colonists-might-evolve-entirely-newtype-human-n708636(accessed October 25, 2017).

7. *Perry Mason*, season 9, episode 3, "The Case of the Candy Queen," directed by Jesse Hibbs, written by Orville H. Hampton, aired September 26, 1965, on CBS.

8. *Perry Mason*, season 2, episode 15, "The Case of the Foot-Loose Doll," directed by William D. Russell, written by Jonathan Latimer, aired January 24, 1959, on CBS.

9. Ursula W. Goodenough, *The Sacred Depths of Nature* (Oxford, UK: Oxford University Press, 1998); Stanley A. Rice, *Life of Earth: Portrait of a Beautiful, Middle-Aged, Stressed-Out World* (Amherst, NY: Prometheus Books, 2012).

第三章　利用山做实验

1. Stanley A. Rice and Fakhri A. Bazzaz, "Quantification of Plasticity of Plant Traits in Response to Light Intensity: Comparing Phenotypes at a Common Weight," *Oecologia* 78 (1989): 502–507.

2. Dror Hawlena, Michael S. Strickland, Mark A. Bradford, et al. "Fear of Predation Slows Plant-Litter Decomposition," *Science* 336 (2012): 1,434–38.

3. Danny Kessler, Klaus Gase, and Ian T. Baldwin, "Field Experiments with Transformed Plants Reveal the Sense of Floral Scents," *Science* 321 (2008): 1,200–202.

4. Matthias Wittlinger, R.diger Wehner, and Harald Wolf, "The Ant Odometer: Stepping on Stilts and Stumps," *Science* 312 (2006): 1,965–67.

5. Nina Hahn et al., "Monogenic Heritable Autism Gene *Neuroligin Impacts Drosophila Social Behaviour*," *Behavioural Brain Research* 252 (2013): 450–57.
6. G. Shohat-Ophir, K. R. Kaun, R. Azanchi, et al., "Sexual Deprivation Increases Ethanol Intake in *Drosophila*," *Science* 335 (2012): 1,351–55.
7. Tomas Roslin, Bess Hardwick, Vojtech Novotny, et al., "Higher Predation Risk for Insect Prey at Low Latitudes and Elevations," *Science* 356 (2017): 742–44.
8. Luis W. Alvarez, Walter Alvarez, Frank Asaro, et al., "Extraterrestrial Cause for the Cretaceous-Tertiary Extinction," *Science* 208 (1980): 1,095–107.
9. Frank H. Bormann, Gene E. Likens, D. W. Fisher, et al., "Nutrient Loss Accelerated by Clear-Cutting of a Forest Ecosystem," *Science* 159 (1968): 882–84.
10. E. A. Ainsworth and S. P. Long, "What Have We Learned from 15 Years of Free-Air CO2 Enrichment (FACE)? A Meta-Analytic Review of the Responses of Photosynthesis, Canopy Properties, and Plant Production to Rising CO_2," *New Phytologist* 165 (2005): 351–71.
11. S. P. Long, E. A. Ainsworth, A. D. Leakey, et al., "Food for Thought: Lower-Than-Expected Crop Yield Stimulation with Rising CO_2 Concentrations," *Science* 312 (2006): 1,918–21.
12. Steven H. Schneider, *Laboratory Earth: The Planetary Gamble We Can't Afford to Lose* (New York: Basic Books, 1998).

第四章　对与错

1. Stuart Firestein, *Failure: Why Science Is So Successful* (Oxford, UK: Oxford University Press, 2016).
2. Steven Novella, "0.05 or 0.005? P-Value Wars Continue," Science -Based Medicine, August 2, 2017, https://sciencebasedmedicine.org/0-05-or-0-005-p-value-wars-continue/ (accessed October 23, 2017).
3. Roberta B. Ness, *The Creativity Crisis: Reinventing Science to Unleash Possibility* (New York: Oxford University Press, 2014).
4. Richard Harris, *Rigor Mortis: How Sloppy Science Creates Worthless Cures, Crushes Hope, and Wastes Billions* (New York: Basic Books, 2017).

SECTION 2　人猿大脑永流传

1. David Chavalarias and John P. A. Ioannidis, "Science Mapping Analysis Characterizes 235 Biases in Biomedical Research," *Journal of Clinical Epidemiology* 63 (2010): 1,205–15.

第五章　错觉的世界

1. Maude W. Baldwin, Yasuka Toda, Tomoya Nakagita, et al., "Evolution of Sweet Taste Perception in Hummingbirds by Transformation of the Ancestral Umami Receptor, " *Science* 345 (2014): 929–33.
2. James H. Wandersee and Elisabeth E. Schussler, "Preventing Plant Blindness," *American Biology Teacher* 61 (1999): 82–86.
3. Hannah Faye Chua, Julie E. Boland, and Richard E. Nisbett, "Cultural Variation in Eye Movements during Scene Perception," *Proceedings of the National Academy of Sciences USA* 102 (2005): 12,629–33.

第六章　直接测量

1. Yuzhang Li, Yanbin Li, Allan Pei, et al., "Atomic Structure of Sensitive Battery Materials and Interfaces

Revealed by Cryo-Electron Microscopy," *Science* 358 (2017): 506–10.

2. Nicholas W. Gillham, "Cousins: Charles Darwin, Francis Galton, and the Birth of Eugenics," *Significance* 6 (2009): 132–35.
3. Larry Gonick and Woollcott Smith, *The Cartoon Guide to Statistics* (New York: HarperPerennial, 1993).
4. Stanley A. Rice, *Environmental Variability and Phenotypic Flexibility in Plants* (PhD thesis, University of Illinois at Urbana-Champaign, Department of Plant Biology, 1987). Updated plain English version available at http:// www.stanleyrice.com/articles/stanley_rice_thesis_ popular_version.pdf (accessed November 1, 2017).

第七章　自然抛给我们曲线，但我们看到直线

1. Lester R. Brown, *The Twenty-Ninth Day: Accommodating Human Needs and Numbers to the Earth's Resources* (New York: Norton, 1978).
2. Joel E. Cohen, "Population Growth and the Earth's Human Carrying Capacity," *Science* 269 (1995): 341–46.
3. Pete Kasperowicz, "National Debt Hits $21 Trillion," *Washington Examiner*, March 16, 2018, https://www.washingtonexaminer.com/news/national-debt-hits-21-trillion (accessed September 6, 2018).
4. Daniel P. Bebber, Francis H. C. Marriott, Kevin J. Gaston, et al., "Predicting Unknown Species Numbers Using Discovery Curves," *Proceedings of the Royal Society B (Biological Sciences)* 274 (2007): 1,651–58.
5. Douglas H. Erwin and James V. Valentine, T*he Cambrian Explosion: The Construction of Animal Biodiversity* (New York: Freeman, 2013).
6. Michael J. Benton, "The Origins of Modern Biodiversity on Land," *Philosophical Transactions of the Royal Society of London B (Biological Sciences)* 365 (2010): 3,667–79.
7. Alan De Queiroz, *The Monkey's Voyage: How Improbable Journeys Shaped the History of Life* (New York: Basic Books, 2014).
8. David S. McKay, Everett K. Gibson Jr., Kathie L. Thomas-Keprta, et al., "Search for Past Life on Mars: Possible Relic Biogenic Activity in Martian Meteorite ALH84001," *Science* 273 (1996): 924–30.
9. Tim Sharp, "What Is the Temperature on Mars?" Space.com, November 29, 2017, https://www.space.com/16907-what-is-the-temperature -ofmars.html (accessed September 6, 2018).
10. Lewis Thomas, *The Fragile Species* (New York: Scribner, 1992).

第八章　这不是非黑即白

1. Defense Advanced Research Projects Agency (DARPA), "DARPA Z-Man Program Demonstrates Human Climbing Like Geckos," https:// www. darpa.mil/news-events/2014-06-05 (accessed September 6, 2018).
2. Michael P. Carlson, "Cyanide Poisoning," http://extension publications. unl.edu/assets/html/g2184/build/g2184.htm (accessed September 6, 2018).
3. Bryan Sykes, *DNA USA: A Genetic Portrait of America* (New York: Norton, 2012).
4. Encyclopedia of Life, "Encyclopedia of Life: Global Access to Knowledge about Life on Earth," http://www.eol.org (accessed October 28, 2017).
5. Steve Olson, *Mapping Human History: Genes, Race, and Our Common Origin* (New York: Houghton Mifflin Harcourt, 2003).

第九章 因和果

1. Bum Jin Park, Yuko Tsunetsugu, Tamami Kasetani, et al., "The Physiological Effects of Shinrin-yoku (Taking in the Forest Atmosphere or Forest Bathing): Evidence from Field Experiments in 24 Forests across Japan," *Environmental Health and Preventive Medicine* 15 (2010): 18.

2. Wei-win Cheng, Chien-Tsong Lin, Fang-Hua Chu, et al.,"Neuropharmacological Activities of Phytoncide Released by *Cryptomeria japonica*," *Journal of Wood Science* 55 (2009): 27–31.

3. Edward O. Wilson, *Biophilia* (Cambridge, MA: Harvard University Press, 1986).

4. Vladica M. Veli.ovi.,"What Everyone Should Know about Statistical Correlation," *American Scientist* 103 (2015): 26–29.

5. James Orchard Halliwell-Phillipps, *The Nursery Rhymes of England: Collected Chiefly from Oral Tradition*, 4th edition (London: John Russell Smith, 1846), pp. 175–78.

6. "America's Gun Culture in 10 Charts," BBC News, March 21, 2018, https://www.bbc.com/news/world-us-canada-41488081 (accessed September 6, 2018).

7. George W. Cox, *Bird Migration and Global Change* (Covelo, CA: Island Press, 2010).

8. Kenneth Boulding, *The Meaning of the Twentieth Century: The Great Transition* (New York: Harper Collins, 1964), p. 126.

9. Population Reference Bureau, "Data Sheets," https://www.prb.org/ datasheets/ (accessed September 6, 2018).

10. T. Talhelm, X. Zhang, S. Oishi, et al., "Large-Scale Differences within China Explained by Rice versus Wheat Agriculture," *Science* 344 (2014): 603–608.

11. David Rindos, *The Origins of Agriculture: An Evolutionary Perspective* (San Diego: Academic Press, 1984).

12. George H. Perry, Nathaniel J. Dominy, Katrina G. Claw, et al., "Diet and the Evolution of Human Amylase Gene Copy Number Variation," *Nature Genetics* 39 (2007): 1,256–60.

13. Linus Pauling, *Vitamin C and the Common Cold* (New York: Freeman, 1970).

14. Linus Pauling, "The Significance of the Evidence about Ascorbic Acid and the Common Cold," *Proceedings of the National Academy of Sciences USA* 68 (1971): 2,678–81.

15. Harri Hemil.,"Does Vitamin C Alleviate the Symptoms of the Common Cold? A Review of Current Evidence," *Scandinavian Journal of Infectious Diseases* 26 (1994): 1–6.

第十章 猫咪巴多罗缪聪明吗?

1. Anthony Trewavas, "Aspects of Plant Intelligence," *Annals of Botany* 92 (2003): 1–20.

2. Daniel Chamovitz, *What a Plant Knows: A Field Guide to the Senses* (New York: Farrar, Straus, and Giroux, 2013).

3. "Comment les arbres communiquent entre eux: d.couvrez le 'r.seau internet' de la for.t," Francetvinfo.fr, October 26, 2017, video, http://www .francetvinfo.fr/replay-magazine/france-2/envoye-special/video-le-reseau -internet-de-la-foret_2438099.html (accessed October 26, 2017).

4. Lixiang Li, Haipeng Peng, J.rgen Kurths, et al., "Chaos-Order Transition in Foraging Behavior of Ants," *Proceedings of the National Academy of Sciences USA* 111 (2014): 8,392–97.

5. Bert H.lldobler and Edward O. Wilson, *The Superorganism: The Beauty, Elegance, and Strangeness of Insect Societies* (New York: Norton, 2008).

6. "Birds Attacking Mirrors," MassAudubon.org, https://www .massaudubon. org/learn/nature-wildlife/birds/birds-attacking-windows (accessed September 6, 2018).

7. F. Delfour and K. Marten, "Mirror Image Processing in Three Marine Mammal Species: Killer Whales (Orcinus Orca), False Killer Whales (Pseudorca Crassidens) and California Sea Lions (Zalophus

Californianus)," *Behavioural Processes* 53, no. 3 (April 2001): 181–90; Kate Wong, "Dolphin Self- Recognition Mirrors Our Own," *Scientific American*, May 1, 2001, https:// www.scientificamerican.com/ article/ dolphin-self-recognition/ (accessed September 6, 2018).

8. Bernd Heinrich, *Ravens in Winter* (New York: Vintage, 1989).

9. John M. Marzluff, Jeff Walls, Heather N. Cornell, et al., "Lasting Recognition of Threatening People by Wild American Crows,"*Animal Behaviour* 79 (2010): 699–707.

10. Katy Payne, *Silent Thunder: In the Presence of Elephants* (New York: Penguin, 1999).

11. Dale J. Langford, Sara E. Crager, Zarrar Shehzad, et al., "Social Modulation of Pain as Evidence for Empathy in Mice,"*Science* 312 (2006): 1,967–70.

12. Emanuela Dalla Costa, Michela Minero, Dirk Lebelt, et al. "Development of the Horse Grimace Scale (HGS) as a Pain Assessment Tool in Horses Undergoing Routine Castration," *PLoS One* 9, no. 3 (2014): e92281, https://doi.org/10.1371/journal.pone.0092281 (accessed September 6, 2018).

13. Isaac Asimov, *Isaac Asimov's Treasury of Humor* (Boston: Houghton Mifflin, 1971), p. 184.

第十一章　测量你认为正在测量的事物

1. Stanley A. Rice and Ian B. Maness, "Brine Shrimp Bioassays: A Useful Technique in Biological Investigations,"*American Biology Teacher* 66 (2004): 237–43.

2. Eckard Gauhl, "Photosynthetic Response to Varying Light Intensity in Ecotypes *of Solanum dulcamara* L. from Shaded and Exposed Habitats,"*Oecologia* 27 (1976): 278–86.

3. J. M. Clough, James A. Teeri, and Randall S. Alberte, "Photo- synthetic Adaptation of Solanum dulcamara L. to Sun and Shade Environments. I. A Comparison of Sun and Shade Populations," *Oecologia* 38 (1979): 13–21.

4. Stanley A. Rice and Jennifer R. Griffin,"The Hornworm Assay: Useful in Mathematically-Based Biological Investigations,"*American Biology Teacher* 66 (2004): 487–91.

5. Paul Hawken, Amory Lovins, and L. Hunter Lovins, *Natural Capitalism: Creating the Next Industrial Revolution* (New York: Little, Brown, 1999).

6. Eric Davidson, *You Can't Eat GNP: Economics as Though Ecology Mattered* (New York: Basic Books, 2000).

7. "Ratio between CEOs and Average Workers in the World in 2014 by Country,"Statista, the Statistics Portal, https://www.statista.com/ statistics/424159/pay-gap-between-ceos-and-average-workers-in-world-by-country/ (accessed September 6, 2018).

8. Emily Underwood, "A World of Difference," *Science* 344 (2014) 820–21. See also several articles immediately following this one.

9. Alan Greenspan, "The Challenge of Central Banking in a Democratic Society" (lecture, American Enterprise Institute for Public Policy Research, Washington, DC, December 5, 1996), https://www.federalreserve. gov/boarddocs/speeches/1996/19961205.htm (accessed September 6, 2018).

10. Med Jones, "The American Pursuit of Unhappiness: Gross National Happiness/Well Being (GNH/GNW)," (policy white paper; International Institute of Management, Las Vegas, NV, last updated June 10, 2018), https:// www.iim-edu.org/grossnationalhappiness/ (accessed October 17, 2017).

11. Nicholas Enault, "Fusillade . Las Vegas: Trois chiffres ahurissants sur les armes . feu aux .tats-Unis," Franceinfo, October 3, 2017, http://www . francetvinfo.fr/monde/usa/fusillade-a-las-vegas/infographies-fusillade-alas-vegas-trois-chiffres-ahurissants-sur-les-armes-a-feu-aux-etatsunis_2401188 .html (accessed October 26, 2017).

12. Aamer Madhani,"Baltimore Is the Nation's Most Dangerous City,"*USA Today*, February 19,

2018, https://www.usatoday.com/story/news/ 2018/02/19/homicides-toll-big-u-s-cit-ies-2017/302763002/ (accessed September 6, 2018).
13. Steve Clark,"Census Bureau: Brownsville Poorest City in U.S.,"Brownsville Herald, November 7, 2013, https://www.brownsvilleherald. com/ news/local/census-bureau-brownsville-poorest-city-in-u-s/article_b630f374-475c-11e3-a86e-001a4bcf6878.html (accessed September 6, 2018).
14."Pollution: Visalia Ranked Second Worst in State," *Visalia Times Delta*, April 24, 2017, https://www.visaliatimesdelta.com/story/news/local/2017/04/24/pollution-visalia-ranked-second-worst-state/100850948/ (accessed September 6, 2018).
15. Wilson Andrews and Alicia Parlapiano, "A History of the C.I.A.'s Secret Interrogation Program," *New York Times*, December 9, 2014, https:// www.nytimes.com/interactive/2014/12/09/world/timeline-of-cias-secret -interrogation-program.html. (accessed September 6, 2018).
16. Jeremy Ashkenas, Hannah Fairfield, Josh Keller, et al., "7 Key Points from the CIA Torture Report," *New York Times*, December 9, 2014, https:// www.nytimes.com/interactive/2014/12/09/world/cia-torture-report-key-points.html (accessed October 17, 2017).
17. Mazin Sidahmed, "Trump: 'Torture Works,'" *Guardian*, January 26, 2017, https://www.theguardian.com/us-news/2017/jan/26/donald-trump -tortureworks (accessed October 17, 2017).
18. Stanley A. Rice, Erica A. Corbett and Sara N. Henry, "Extent and Variability of Herbivore Damage on Leaves of Post Oaks (*Quercus stellata* Wangenh.) (Fagaceae) in South Central Oklahoma." In review, *Journal of the Botanical Research Institute of Texas*.
19. Michael M. Yartsev, "The Emperor's New Wardrobe: Rebalancing Diversity of Animal Models in Neuroscience Research,"*Science* 358 (2017): 466–69.
20. Emily Atkin,"How James Inhofe Snowballed the EPA,"*New Republic*, April 23, 2018, https://newrepublic.com/article/148016/james-inhofe-snowballed-epa (accessed September 6, 2018).
21. Josh Levin, "Advantage: Sun," *Slate*, January 16, 2014, http://www .slate. com/articles/sports/sports_nut/2014/01/_2014_australian_open _it_s_110_ degrees_at_the_australian_open_why_don_t.html (accessed September 6, 2018).
22. D. J. Wuebbles, D. R. Easterling, K. Hayhoe, et al., "Chapter 1: Our Globally Changing Climate," in *Climate Science Special Report: Fourth National Climate Assessment (NCA4)*, vol. 1 (Washington, DC: US Global Change Research Program, 2017), https://science2017.globalchange.gov/chapter/1/ (accessed November 6, 2017).
23. Xianyao Chen and Ka-Kit Tung, "Varying Planetary Heat Sink Led to Global Warming Slowdown and Acceleration,"*Science* 345 (2014): 897–903.

第十二章　哎呀，我那时还没想到

1. Robert E. Sorge, Loren J. Martin, Kelsey A. Isbester, et al., "Olfactory Exposure to Males, Including Men, Causes Stress and Related Analgesia in Rodents," *Nature Methods* 11 (2014): 629–32.
2. Richard Dawkins, *River Out of Eden: A Darwinian View of Life* (New York: Basic Books, 1996).
3. Michael J. Behe, *Darwin's Black Box: The Biochemical Challenge to Evolution* (New York: Free Press, 2006).
4. Kenneth R. Miller, "The Mousetrap Analogy or Trapped by Design," http://www.millerandlevine.com/km/evol/DI/Mousetrap.html (accessed September 6, 2018).
5. Charles Darwin, *The Origin of Species by Means of Natural Selection or the Preservation of Favoured Races in the Struggle for Life* (London: Andrew Murray, 1859), chapt. 6.
6. Dawkins, *River Out of Eden*.

第十三章 每个人都有偏见，除了我以外

1. “About CRS,” Congressional Research Service, last updated April 19, 2018, http://www.loc.gov/crsinfo/about/ (accessed October 28, 2017).
2. Jonathan Weisman, “Non-Partisan Tax Report Withdrawn after GOP Protest,” *New York Times*, November 1, 2012, http://www.nytimes.com/ 2012/11/02/business/questions-raised-on-withdrawal-of-congressional-research-services-report-on-tax-rates.html?_r=0 (accessed October 29, 2017).
3. Slavenka Kam-Hansen, et al., “Altered Placebo and Drug Labeling Changes the Outcome of Episodic Migraine Attacks,” *Science Translational Medicine* 6 (2014): 218ra5.
4. A. Tinnermann, S. Geuter, C. Sprenger, et al.,“Interactions between Brain and Spinal Cord Mediate Value Effects in Nocebo Hyperalgesia,”*Science* 358 (2017): 105–108.
5. B. M. Farr and J. M. Gwaltney Jr.,“The Problems of Taste in Placebo Matching: An Evaluation of Zinc Gluconate for the Common Cold,”*Journal of Chronic Diseases* 40 (1987): 875–79.
6. A. J. Espay, et al.,“Placebo Effect of Medication Cost in Parkinson Disease: A Randomized, Double-Blind Study,”*Neurology* 84 (2015): 794–802.
7. Kelly Servick,“ ‘Nonadherence’: A Bitter Pill for Drug Trials,”*Science* 346 (2014): 288–89.
8. Kelly Servick,“Outsmarting the Placebo Effect,”*Science* 345 (2014): 1,446–47.
9. Stefano Balietti, “Here’s How Competition Makes Peer Review More Unfair,” The Conversation, August 8, 2016, http://theconversation .com/ heres-how-competition-makes-peer-review-more-unfair-62936 (accessed November 7, 2017).
10. Thomas S. Kuhn, *The Structure of Scientific Revolutions* (Chicago: University of Chicago Press, 1962).
11. Luis W. Alvarez, et al., “Extraterrestrial Cause for the Cretaceous -Tertiary Extinction,” *Science* 208 (1980): 1,095–1,107.
12. “Heavener Runestone,” Atlas Obscura, https://www.atlasobscura .com/ places/heavener-runestone (accessed September 8, 2018).
13. Wesley Treat, *Weird Oklahoma* (New York: Sterling, 2011).
14. Lynn Sagan,“On the Origin of Mitosing Cells,”*Journal of Theoretical Biology* 14 (1967): 255–74.
15. Laasya Samhita and Hans J. Gross, “The ‘Clever Hans Phenomenon’ Revisted,” *Communicative & Integrative Biology* 6, no. 6 (2013): e27122.
16. “Mia Moore: The DOG Who Can Count and Read!” Talent Recap, last updated June 5, 2017, https://www.youtube.com/ watch?v=g4T6UaCWk8Y (accessed September 8, 2018).
17. Robert Trivers, *The Folly of Fools: The Logic of Deceit and Self-Deception in Human Life* (New York: Basic Books, 2011).
18. Adrian Desmond and James Moore, *Darwin's Sacred Cause: How a Hatred of Slavery Shaped Darwin's Views on Human Evolution* (New York: Houghton Mifflin Harcourt, 2009).
19. Terry Shropshire, “Bill O’ Reilly Says Slaves Who Built White House Were Treated Well,” *Atlanta Daily World*, July 27, 2016, https:// atlantadailyworld.com/2016/07/27/bill-oreilly-says-slaves-who-builtwhite-house-were-treated-well/ (accessed October 29, 2017).

第十四章 相信我们，我们是科学家

1. Naomi Oreskes and Erik M. Conway, *Merchants of Doubt: How a Handful of Scientists Obscured the Truth on Issues from Tobacco Smoke to Global Warming* (New York: Bloomsbury, 2011).
2. Stanley A. Rice, *Green Planet: How Plants Keep the Earth Alive* (New Brunswick, NJ: Rutgers University Press, 2009).

3. A. Baccini, W. Walker, L. Carvalho, et al.,"Tropical Forests Are a Net Carbon Source Based on Aboveground Measurements of Gain and Loss,"*Science* 358 (2017): 230–34.
4. Dominik Thom, Werner Rammer and Rupert Seidl,"The Impact of Future Forest Dynamics on Climate: Interactive Effects of Changing Vegetation and Disturbance Regimes,"*Ecological Monographs* 87 (2017): 665–84.
5. Seema Jayachandran, Joost de Laat, Eric F. Lambin, et al.,"Cash for Carbon: A Randomized Trial of Payments for Ecosystem Services to Reduce Deforestation,"*Science* 357 (2017): 267–73.
6. Dennis K. Flaherty,"The Vaccine-Autism Connection: A Public Health Crisis Caused by Unethical Medical Practices and Fraudulent Science,"*Annals of Pharmacotherapy* 45 (2011): 1,302–304.
7. E. J. Gangarosa, A. M. Galazka, C. R. Wolfe, et al.,"Impact of Anti-Vaccine Movements on Pertussis Control: The Untold Story,"*Lancet* 351 (1998): 356–61.
8. Michael E. Mann, "I' m a Scientist Who Has Gotten Death Threats. I Fear What May Happen under Trump," *Washington Post*, December 16, 2016, https://www.washingtonpost.com/opinions/this-is-what-the-coming-attack-on-climate-science-could-look-like/2016/12/16/e015cc24-bd8c-11e6-94ac-3d324840106c_story.html?utm_term=.5c8914ddcb3b (accessed October 18, 2017).
9. Upton Sinclair, *I, Candidate for Governor: And How I Got Licked* (Berkeley: University of California, 1994), p. 109.
10. Simon Bowers, "Climate-Skeptic US Senator Given Funds by BP Political Action Committee," *Guardian*, March 22, 2015, https://www .theguardian. com/us-news/2015/mar/22/climate-sceptic-us-politician-jim-inhofe-bppolitical-action-committee (accessed September 8, 2018).
11. Chris Mooney, "Forget about That Snowball—Here' s What Climate Change Could Actually Do to Our Winters," *Washington Post*, March 3, 2015, https://www.washingtonpost.com/news/energy-environment/wp/2015/03/03/what-science-and-religion-have-to-say-about-jamesinhofes-terrible-snowball-stunt/?utm_term=.247b5e160411 (accessed October 31, 2017).
12. Linda Lear, "The Life and Legacy of Rachel Carson,"Rachel Carson.org, 2018, http://www.rachelcarson.org (accessed October 31, 2017).
13. Rachel Carson, *Silent Spring* (New York: Houghton Mifflin, 1962).
14. Paul A. Offit, *Pandora's Lab: Seven Stories of Science Gone Wrong* (Washington, DC: National Geographic, 2017), chap. 6.
15. Rachel Carson, *Silent Spring* (New York: Mariner Books, 2002), pp. 156, 164.
16. Clyde Haberman, "Rachel Carson, DDT, and the Fight against Malaria,"*New York Times*, January 22, 2017, https://www.nytimes.com/ 2017/01/22/ us/rachel-carson-ddt-malaria-retro-report.html (accessed October 31, 2017).
17. David A. Fahrenthold, "Bill to Honor Rachel Carson on Hold," *Washington Post*, May 23, 2007, http://www.washingtonpost.com/wp-dyn/ content/article/2007/05/22/AR2007052201574.html (accessed October 31, 2017).
18. David Payton, "Rachel Carson (1907–1964)," NASA Earth Observatory, November 13, 2002, https://earthobservatory.nasa.gov/ Features/Carson/ Carson3.php (accessed October 31, 2017).
19. Mireya Villareal, "Lawsuit Accuses Monsanto of Manipulating Research to Hide Roundup Dangers," CBS News, March 15, 2017, https:// www. cbsnews.com/news/lawsuit-accuses-monsanto-of-manipulating-research-to-hide-roundup-dangers/ (accessed October 31, 2017).
20. Stuart H. Hurlbert, "Pseudoreplication and the Design of Ecological Field Experiments," *Ecological Monographs* 54 (1984): 187–211.
21. Felisa Wolfe-Simon, Jodi Switzer Blum, Thomas R. Kulp, et al., "A Bacterium That Can Grow by

Using Arsenic Instead of Phosphorus,"*Science* 332 (2011): 1,163–66.
22. Elizabeth Pennisi, "Concerns about Arsenic-Laden Bacterium Aired,"*Science* 332 (2011): 1136–37.
23. David Goodstein, *On Fact and Fraud: Cautionary Tales from the Front Lines of Science* (Princeton, NJ: Princeton University Press, 2010).
24. Oliver Gillie, "Did Sir Cyril Burt Fake His Research on Heritability of Intelligence? Part 1," *Phi Delta Kappan* 58 (1977): 469–71.
25. Mark Israel, *Research Ethics and Integrity for Social Scientists: Beyond Regulatory Compliance* (Thousand Oaks, CA: SAGE, 2014).
26. Woo Suk Hwang, Young June Ryu, Jong Hyuk Park, et al., "Evidence of a Pluripotent Human Embryonic Stem Cell Line Derived from a Cloned Blastocyst,"*Science* 303 (2004): 1,669–74.
27. Helen Pearson, "Forensic Software Traces Tweaks to Images,"*Nature* 439 (2006): 520–21.
28. J. A. Byrne, D. A. Pedersen, L. L. Clepper, et al., "Producing Primate Embryonic Stem Cells by Somatic Cell Nuclear Transfer," *Nature* 450 (2007): 497–502.
29. Junying Yu, Maxim A. Vodyanik, Kim Smuga-Otto, et al., "Induced Pluripotent Stem Cell Lines Derived from Human Somatic Cells,"*Science* 318 (2007): 1,917–20; Kazutoshi Takahashi, Koji Tanabe, Mari Ohnuki, et al., "Induction of Pluripotent Stem Cells from Adult Human Fibroblasts by Defined Factors,"*Cell* 131 (2007): 861–72.
30. Haruko Obokata, Teruhiko Wakayama, Yoshiki Sasai, et al.,"Stimulus-Triggered Fate Conversion of Somatic Cells into Pluripotency,"*Nature* 505 (2014): 641–47.
31. Dennis Normile, "Senior RIKEN Scientist Involved in Stem Cell Scandal Commits Suicide," *Science*, August 5, 2014, http://www.sciencemag .org/ news/2014/08/senior-riken-scientist-involved-stem-cell-scandal -commitssuicide (accessed September 7, 2018).
32. Michaela Jarvis, "AAAS Adopts Scientific Freedom and Responsibility Statement," *Science* 358 (2017): 462.
33. Stanley A. Rice, "*Honest Ab: Evolution and Related Topics* (blog)," 2018, http://www.honest-ab.blogspot.com (accessed August 14, 2018).
34. Tom Spears, "Blinded by Scientific Gobbledygook,"*Ottawa Citizen*, April 21, 2014, http://ottawacitizen.com/news/local-news/blinded-by-scientificgobbledygook(accessed November 1, 2017).
35. Andrew M. Sternet al.,"Financial Costs and Personal Consequences of Research Conduct Resulting in Retracted Publications,"eLife 3 (2014): PMC 4132287.
36. Rick Weiss,"Nip Misinformation in the Bud,"*Science* 358 (2017): 427.

第十五章　受　困

1. Sam Kean, *The Tale of the Dueling Neurosurgeons* (New York: Little, Brown, 2014), chap. 10.
2. Richard Dawkins, *The God Delusion* (New York: Houghton Mifflin, 2006), pp. 127–28.

第十六章　你指的到底是什么？为什么科学家（应该）小心定义他们的词汇？

1. Ambrose Bierce, *The Unabridged Devil's Dictionary* (Athens, GA: University of Georgia Press, 2002).
2. Benjamin D. Levine and James Stray-Gundersen, "'Living High- Training Low': Effect of Moderate-Altitude Acclimatization with Low- Altitude Training on Performance,"*Journal of Applied Physiology* 83 (1997): 102–12.
3. Lawrence P. Greska, Hilde Spielvogel, and Esperanza Caceres,"Total Lung Capacity in Young Highlanders of Aymara Ancestry,"*American Journal of Physical Anthropology* 94 (1994): 477–86.

4. Lawrence P. Greska, "Evidence for a Genetic Basis to the Enhanced Total Lung Capacity of Andean Highlanders,"*Human Biology* 68 (1996): 119–29; Tatum S. Simonson, Yingzhong Yang, Chad D. Huff, et al., "Genetic Evidence for High-Altitude Adaptation in Tibet," *Science* 329 (2010): 72–75.
5. Stanley A. Rice, "Adaptation," in *Encyclopedia of Evolution* (New York: Facts on File, 2007), p. 1.
6. Samuel H. Taylor, Stephen P. Hulme, Mark Rees, et al., "Ecophysiological Traits in C_3 and C_4 Grasses: A Phylogenetically Controlled Screening Experiment,"*New Phytologist* 185 (2009): 780–91.
7. Joseph Felsenstein, "Phylogenies and the Comparative Method,"*American Naturalist* 125 (1985): 1–15.

第十七章　自然选择：有史以来最大的概念

1. Percy Bysshe Shelley, "The Cloud," Poetry Foundation, https://www.poetryfoundation.org/poems/45117/the-cloud-56d2247bf4112 (accessed September 10, 2018).
2. Genesis 1:7 (King James Bible).
3. Leonard Huxley, *Life and Letters of Thomas Henry Huxley*, Vol. I (New York: D. Appleton, 1913), p. 183.
4. Ernst Mayr, *The Growth of Biological Thought: Diversity, Evolution, and Inheritance* (Cambridge, MA: Harvard University Press, 1982).
5. Randall Fuller, *The Book That Changed America: How Darwin's Theory of Evolution Ignited a Nation* (New York: Viking, 2017).
6. Charles Darwin, *The Origin of Species by Means of Natural Selection or the Preservation of Favoured Races in the Struggle for Life* (New York: New American Library, 1958).
7. Immanuel Kant, *Critique of Judgment*, trans. J. H. Bernard (Mineola, NY: Dover, 2005).
8. Darwin,"Introduction,"*Origin of Species*.
9. Michael Pollan, *The Botany of Desire: A Plant's-Eye View of the World* (New York: Random House, 2001).
10. Stephen Budiansky, *Covenant of the Wild: Why Animals Chose Domestication* (New York: William Morrow, 1992).
11. Clare Holden and Ruth Mace, "Phylogenetic Analysis of the Evolution of Lactose Digestion in Adults,"*Human Biology* 81 (2009): 597–619. Sarah A. Tishkoff, Floyd A. Reed, Alessia Ranciaro, et al., "Convergent Adaptation of Human Lactase Persistence in Africa and Europe,"*Nature Genetics* 39 (2006): 31–40.
12. Mark Sumner, *The Evolution of Everything: How Selection Shapes Culture, Commerce, and Nature* (Sausalito, CA: Polipoint, 2010).
13. Richard Dawkins, *The Extended Phenotype: The Long Reach of the Gene*, rev. ed. (Oxford, UK: Oxford University Press, 1999).
14. Paul E. Smaldino and Richard McElreath, "The Natural Selection of Bad Science,"*Royal Society Open Science* 3, no. 160384 (September 2016), http://rsos.royalsocietypublishing.org/content/3/9/160384 (accessed November 7, 2017).
15. Darwin, *Origin of Species*, chap. 1.
16. Susan Blackmore and Richard Dawkins, *The Meme Machine*, rev. ed. (Oxford, UK: Oxford University Press, 2000).
17. Robert Douglas-Fairhurst, "Introduction," in Charles Dickens, *A Christmas Carol and other Christmas Books* (Oxford: Oxford University Press, 2006), pp. vii–xxix.
18. Steven Johnson, *Where Good Ideas Come From: The Natural History of Innovation* (New York: Penguin, 2010).

19. David B. Fogel, *Evolutionary Computation: The Fossil Record* (Hoboken, NJ: John Wiley, 1998). This book is outdated but explains what makes these algorithms evolution.
20. Lee Smolin, *The Life of the Cosmos* (New York: Oxford University Press, 1999).
21. Stephen Hawking, *Black Holes and Baby Universes* (New York: Bantam, 1994).

第十八章 重新发现人性

1. Genesis 6:5 (King James Bible).
2. Jeremiah 17:9 (World English Bible).
3. Stanley A. Rice, *Life of Earth: Portrait of a Beautiful, Middle-Aged, Stressed-Out World* (Amherst, NY: Prometheus Books, 2012), chap. 6.
4. Lee Alan Dugatkin, "Inclusive Fitness Theory from Darwin to Hamilton," Genetics 176 (2007): 1,375–80.
5. Robert L. Trivers, "The Evolution of Reciprocal Altruism," *Quarterly Review of Biology* 46 (1971): 35–57.
6. Ecclesiastes 4:10 (King James Bible).
7. Martin A. Nowak and Karl Sigmund, "The Evolution of Indirect Reciprocity," *Nature* 437 (2005): 1,291–98.
8. Martin A. Nowak and Roger Highfield, *Super Cooperators: Altruism, Evolution, and Why We Need Each Other to Succeed* (New York: Free Press, 2011).
9. Frans De Waal, *The Age of Empathy: Nature's Lessons for a Kinder Society* (New York: Crown, 2010).
10. Dacher Keltner, *Born to Be Good: The Science of a Meaningful Life* (New York: Norton, 2009); Michael Shermer, *The Science of Good and Evil: Why People Cheat, Gossip, Care, Share, and Follow the Golden Rule* (New York: Henry Holt, 2004).
11. Steven Pinker, *The Better Angels of Our Nature: Why Violence Has Declined* (New York: Penguin, 2012).
12. Mark Landler, "Results of Secret Nazi Breeding Program: Ordinary Folks," *New York Times*, November 7, 2006, http://www.nytimes.com/2006/11/07/world/europe/07nazi.html (accessed July 8, 2011).
13. Thomas Jefferson to Gov. John Langdon, March 5, 1810, in *Thomas Jefferson: Writings*, ed. Merrill D. Peterson (New York: Library of America, 1984), pp. 1,218–22.
14. Michael J. Heckenberger, J. Christian Russell, Carlos Fausto, et al., "Pre-Columbian Urbanism, Anthropogenic Landscapes, and the Future of the Amazon," *Science* 321 (2008): 1,214–17.
15. Thomas Jefferson to Jos. Corr.a da Serra, April 11, 1820, in Founders Online, National Archives, https://founders.archives.gov/ documents/Jefferson/98-01-02-1213 (accessed September 6, 2018).
16. Andrew Newberg, Eugene D' Aquili, and Vince Rause, *Why God Won't Go Away: Brain Science and the Biology of Belief* (New York: Ballantine, 2002).
17. Jesse Bering, *The Belief Instinct: The Psychology of Souls, Destiny, and the Meaning of Life* (New York: Norton, 2012).
18. Nicholas Mosley, *Hopeful Monsters* (Elmwood, IL: Dalkey Archive Press, 1991).
19. Sam Harris, *The Moral Landscape: How Science Can Determine Human Values* (New York: Free Press, 2011).

SECTION 4 科学在世界上的角色

1. Bill McKibben, *Eaarth: Making a Life on a Tough New Planet* (New York: St. Martin' s Griffin, 2011).
2. Emily Langer, "Vern Ehlers, Nuclear Physicist Who Went to Congress, Dies at 83," *Washington Post*, August 17, 2017, https://www . washingtonpost.com/local/obituaries/vern-ehlers-nuclear-physicist-who-went-to-congress-dies-at-83/2017/08/17/ca6010c8-82d1-11e7-b359-15a3617c767b_story.html?utm_term=.248709a34a2e (accessed September 9, 2018); Claudia Politician Who Knows Quantum Mechanics," *New York Times*, November 24, 1998, https://www. nytimes. com/1998/11/24/science/a-conversation-with-rush-holt-at-last-apolitician-who-knows-quantum-mechanics.html (accessed September 9, 2018).

第十九章 政治世界中的科学家

1. Naomi Oreskes and Erik M. Conway, *Merchants of Doubt: How a Handful of Scientists Obscured the Truth on Issues from Tobacco Smoke to Global Warming* (New York: Bloomsbury, 2011).
2. Mikhail F. Denissenko, Annie Pao, Moon-shong Tang, et al.,"Preferential Formation of Benzo[a] pyrene Adducts at Lung Cancer Mutational Hotspots in P53,"*Science* 274 (1996): 430–32.
3. Ibid.
4. J. Slade, L. A. Bero, P. Hanauer, et al.,"Nicotine and Addiction: The Brown and Williamson Documents,"*Journal of the American Medical Association* (JAMA) 274 (1995): 225–33.
5. Barry Meier, "Cigarette Makers and States Draft a $206 Billion Deal,"*New York Times*, November 14, 1998, http://www.nytimes.com/ 1998/11/14/us/cigarette-makers-and-states-draft-a-206-billion-deal.html (accessed November 9, 2017).
6. Alix Spiegel, "The Secret History behind the Science of Stress," National Public Radio, July 7, 2014, https://www.npr.org/sections/health -shots/2014/07/07/325946892/the-secret-history-behind-the-science-ofstress (accessed November 9, 2017).
7. John F. Kennedy, "Extract from John F. Kennedy' s Remarks at Dinner Honoring Nobel Prize Winners of the Western Hemisphere" (speech, White House, Washington, DC, April 29, 1962), Gerhard Peters and John T. Woolley, eds., American Presidency Project, http://tjrs.monticello.org/letter/1856 (accessed September 10, 2018).
8. Carroll W. Pursell, *Technology in America: A History of Individuals and Ideas*, 2nd ed. (Boston: MIT Press, 1990).
9. Ibid.

第二十章 谁是你最爱的科学家，为什么？

1. Gary R. Kremer, ed., *George Washington Carver: In His Own Words* (Columbia: University of Missouri Press, 1991).
2. Ibid.
3. S. R. Gliessman, R. E. Garcia and M. A. Amador, "The Ecological Basis for the Application of Traditional Agricultural Technology in the Management of Tropical Agro-Ecosystems," *Agro-Ecosystems* 7 (1981): 173–85.

第二十一章 业余者和专家

1. David George Haskell, *The Forest Unseen: A Year's Watch in Nature* (New York: Penguin, 2013).
2. Richard Mabey, *Gilbert White: A Biography of the Author of the Natural History of Selborne* (Charlottesville: University of Virginia Press, 2007).

3. Adrian Desmond and James Moore, *Darwin: The Life of a Tormented Evolutionist* (New York: Time Warner, 1992), p.27.
4. Verlyn Klinkenborg, *Timothy: Or, Notes of an Abject Reptile* (New York: Vintage, 2007).
5. Richard B. Primack, *Walden Warming: Climate Change Comes to Thoreau's Woods* (University of Chicago Press, 2014); A. J. Miller-Rushing and R. B. Primack, "Global Warming and Flowering Times in Thoreau' s Concord: A Community Perspective," *Ecology* 89 (2008): 332–41.
6. Charles C. Davis, Charles G. Willis, Bryan Connolly, et al.,"Herbarium Records Are Reliable Sources of Phenological Change Driven by Climate and Provide Novel Insights into Species' Phenological Cueing Mechanisms,"*American Journal of Botany* 102 (2015): 1,599–609.
7. "Projects,"Citizen Science Alliance, https://www.zooniverse.org/ projects (accessed November 14, 2017).

第二十二章　科学是一场冒险

1. Athena Yenko, "Mount Everest Becomes Highest Garbage Dump in the World,'" *Tech Times*, June 18, 2018, https://www.techtimes.com/ articles/230453/20180618/mount-everest-becomes-highest-garbage-dump-in-the-world.htm (accessed September 9, 2018).
2. John Markoff, "Parachutist' s Record Fall: Over 25 Miles in 15 Minutes,"*New York Times*, October 24, 2014, https://www.nytimes.com/ 2014/10/25/science/alan-eustace-jumps-from-stratosphere-breaking-felix-baumgartners-world-record.html (accessed September 9, 2018).
3. Kevin Krajick, "Ice Man: Lonnie Thompson Scales the Peaks for Science," *Science* 298 (2002): 518–22.
4. Patricia Sullivan, "Obituary: Jerri Nielsen; Doctor Battled Cancer at South Pole," *Washington Post*, June 26, 2009, http://www.washingtonpost.com/ wp-dyn/content/article/2009/06/24/AR2009062403094.html (accessed September 9, 2018).
5. John Horgan, *The End of Science* (New York: Broadway Books, 1997).
6. Natalie Angier, *The Canon: A Whirligig Tour of the Beautiful Basics of Science* (New York: Mariner Books, 2008).
7. Francis Crick, *What Mad Pursuit: A Personal View of Scientific Discovery* (New York: Basic Books, 1990).
8. Carl Sagan, *The Dragons of Eden: Speculations on the Evolution of Human Intelligence* (New York: Random House, 1977).
9. Lynn Margulis, *Symbiotic Planet: A New Look at Evolution* (New York: Basic Books, 1998).
10. Charles Darwin, *The Descent of Man and Selection in Relation to Sex* (New York: Penguin, 2004).

后　记　一个美丽的世界

1. Edward O. Wilson, *Letters to a Young Scientist* (New York: Norton, 2013).
2. Mario Livio, *Why? What Makes Us Curious* (New York: Simon and Schuster, 2017).
3. "StanEvolve: The Darwin Channel," Stanley A. Rice, last updated April 20, 2018, http://www.youtube.com/StanEvolve (accessed August 14, 2018).
4. "Cherokee Nation Principal Chief Presents State of the Nation Address on Saturday," Cherokee Nation, September 2, 2009, http://www .cherokee.org/News/Stories/24056 (accessed September 12, 2018).
5. Edward O. Wilson, *Consilience: The Unity of Knowledge* (New York: Knopf, 1998).
6. Albert Einstein, *Living Philosophies* (New York: Simon and Schuster, 1931).
7. Lewis Thomas, *The Fragile Species* (New York: Scribner, 1992).

图书在版编目（CIP）数据

像科学家一样思考 /（美）斯坦利 · 莱斯著；李延辉译.
—北京：中国工人出版社，2021.3

书名原文: Scientifically Thinking: How to Liberate Your Mind, Solve the World's Problems, and Embrace the Beauty of Science
ISBN 978-7-5008-7600-7

Ⅰ.①像… Ⅱ.①斯… ②李… Ⅲ.①科学方法论 Ⅳ.①G304

中国版本图书馆CIP数据核字（2021）第035932号

著作权合同登记号：图字01-2020-6169

像科学家一样思考

出版人	王娇萍
责任编辑	邢　璐
责任印制	栾征宇
出版发行	中国工人出版社
地址	北京市东城区鼓楼外大街45号　邮编：100120
网址	http://www.wp-china.com
电话	（010）62005043（总编室）（010）62005039（印制管理中心） （010）62001780（万川文化项目组）
发行热线	（010）82029051　62383056
经销	各地书店
印刷	北京盛通印刷股份有限公司
开本	880毫米×1230毫米　1/32
印张	7.125
字数	180千字
版次	2021年5月第1版　2022年11月第4次印刷
定价	48.00元